AF357554

IMPRIMERIE BOUCHARD-HUZARD,
rue de l'Éperon, 7.

PROJET D'UN SYSTÈME

D'INSTRUCTION AGRICOLE COMPLET,

AVEC

DES OBSERVATIONS SUR L'ÉTAT ACTUEL DE CETTE INSTRUCTION

ET

QUELQUES CONSIDÉRATIONS GÉNÉRALES

SUR LA DISPOSITION OU SE TROUVE AUJOURD'HUI LA SOCIÉTÉ

POUR RESSENTIR L'HEUREUSE INFLUENCE

DE L'AGRICULTURE PERFECTIONNÉE ET PROPAGÉE;

Par le docteur **DESCIEUX**,

Médecin de l'hospice de Montfort-l'Amaury,
Médecin en chef de l'Institut royal agronomique de Grignon,
et Professeur d'hygiène au même établissement.

PARIS,

LIBRAIRIE BOUCHARD-HUZARD,

RUE DE L'ÉPERON, 7,

—

1841.

PROJET D'UN SYSTÈME

D'INSTRUCTION AGRICOLE

AVEC

DES OBSERVATIONS SUR L'ÉTAT ACTUEL DE CETTE INSTRUCTION

ET

QUELQUES CONSIDÉRATIONS GÉNÉRALES
SUR LA DISPOSITION OU SE TROUVE AUJOURD'HUI LA SOCIÉTÉ

POUR

RESSENTIR L'HEUREUSE INFLUENCE
DE L'AGRICULTURE PERFECTIONNÉE ET PROPAGÉE.

INTRODUCTION.

Mes relations avec l'institut royal agronomique de Grignon m'ont mis à même d'apprécier les services immenses que les sciences pouvaient rendre à l'agriculture ; il m'a été démontré qu'elle pouvait être étudiée comme toutes les sciences composées, parce qu'elle avait une partie théorique et une partie pratique dont la réunion formait une instruction complète. Mais la longueur des études qu'elle exige, s'opposant à la possibilité de la donner à ce nombre considérable de cultivateurs praticiens qui n'ont pas les connaissances préparatoires indispensables pour la comprendre, j'ai cherché à leur rendre cette instruction facile à recevoir par sa simplicité, sans leur nécessiter les dépenses qu'occasionnent nécessairement les grands déplacements : tel est l'objet principal de mon système d'instruction agricole complet dont la propagation, par les moyens que j'indique, s'étendrait à toutes les classes des cultivateurs et favoriserait à l'infini les progrès de l'agriculture.

Après avoir conçu et médité mon plan, après l'avoir exposé avec l'enthousiasme qu'on éprouve quand on croit travailler pour le bonheur de l'humanité, j'ai reconnu mon insuffisance pour traiter un aussi vaste sujet. Il fallait une plume éloquente pour bien exprimer l'influence de la science agricole sur la civilisation ! La nécessité de soutenir ma famille m'a contraint à une vie laborieuse qui m'a obligé d'interrompre l'étude des lettres; ce qui explique pourquoi mon ouvrage, si important par son utilité, n'a pas l'ordre et la précision que de bonnes études et un long exercice peuvent seuls donner à un écrivain. J'ai rendu simplement les idées et les sentiments que m'ont inspirés l'étendue et la variété des maux auxquels il serait encore possible de soustraire le peuple des campagnes. Tout entier à mon zèle pour les recherches d'utilité générale, j'ai pensé qu'en le rendant heureux on l'accoutumerait à devenir vertueux. L'état de ses mœurs actuelles, qui tendent à le plonger dans une extrême indigence et à le pousser au crime, réclame impérieusement un remède efficace pour améliorer son sort; des palliatifs seraient insuffisants, il faut combattre la misère et l'immoralité par la diffusion des lumières et par les habitudes morales : le moyen que je propose atteindrait ce but, et il offre de plus l'avantage d'augmenter les richesses du pays.

On accueille aujourd'hui avec intérêt tous les ouvrages qui traitent du paupérisme ; les esprits sérieux s'occupent, avec une attention soutenue, d'éclairer cette question : mon projet d'instruction agricole devant donner de l'aisance aux malheureux dont les privations s'accroissent journellement dans les campagnes, les nécessiteux se multiplieraient moins et ce projet aurait cet effet si désirable de diminuer le nombre des mendiants. **M.** le vicomte Alban de Villeneuve-Bargemont, dans son excellent *Traité d'économie politique chrétienne*, est le premier, de nos jours, qui ait bien fait connaître l'origine du paupérisme dans toute l'Europe, ses causes si variées et son influence sur la société; il est conduit, après diverses considérations sur l'agriculture, à proposer la création de colonies agricoles dans nos immenses terres incultes, pour détruire les racines profondes d'un mal que rien encore n'a pu extirper. Ce système, auquel le grand savoir et la longue expérience administrative de l'auteur donnaient une grande autorité et qui a été aussi le système de M. de Morogues et celui de M. Huerne de Pommeuse, n'est peut-être plus en harmonie avec l'esprit public actuel : on sait d'ailleurs aujourd'hui que ces établissements ont peu réussi en Hollande; mais, si on voulait en faire l'essai en France, rien ne contribuerait autant à leurs succès que d'en confier la direction aux ingénieurs agricoles que je propose de former et de multiplier à l'école supérieure agronomique dont je demande l'organisation sur des bases indiquées dans mon second chapitre. A l'époque où M. de Bargemont a écrit, on eût manqué d'hommes spéciaux pour créer ces colonies; ce n'est que longtemps après la publication de son ouvrage, que l'institut de Grignon a appris au monde à quel degré de perfection la science agricole théorique et pratique pouvait atteindre.

Si j'ai bien compris M. Deby, mon système, exécuté sous la direction de l'autorité, remplirait toutes les vues de cet homme de bien; il satisferait également les personnes qui, dans des ouvrages périodiques, demandent que l'on fasse des maîtres, des ouvriers et des artisans agricoles; alors aussi les services importants et nombreux que M. de Dombasle et tous ceux qui s'occupent d'agronomie assurent que l'agriculture peut rendre à la société seraient obtenus. Ce système ne change d'ailleurs aucune position faite, et il en établit de nouvelles sans nulle charge pour le trésor public; car la nature variée et fertile à la fois de notre sol pourvoirait, et bien au delà, à toutes les dépenses annuelles de ces exploitations rurales; il a, de plus, l'incontestable avantage de pouvoir être établi sur-le-champ, et avec peu de frais, en organisant l'institut royal agronomique de Grignon en école supérieure d'agriculture, et les fermes-modèles déjà existantes en écoles secondaires départementales, puis en en créant de nouvelles à mesure que le besoin s'en ferait sentir. Il résulterait, de cette action énergique du gouvernement en faveur de l'agriculture, que les capitaux qui s'en éloignent y reviendraient, que l'équilibre entre l'industrie manufacturière et l'industrie agricole se rétablirait, et qu'une partie des ouvriers de la campagne n'abandonnerait plus les champs pour les ateliers des villes, dont ils augmentent le nombre des pauvres dans les moments de crise commerciale.

CHAPITRE PREMIER.

CONSIDÉRATIONS SUR L'ÉTAT ACTUEL DE L'INSTRUCTION AGRICOLE.

Il n'est plus nécessaire, aujourd'hui, d'exposer longuement les avantages que présente le développement de l'agriculture ; l'intérêt que lui ont porté tous nos hommes d'État remarquables, les efforts faits depuis quelques années pour l'encourager et la propager, la place qu'elle tient dans les ouvrages d'économie politique et sociale qui font remarquer les services signalés qu'elle rend à la société et surtout ceux qu'elle peut lui rendre, suffisent pour établir son utilité. Mais, pour qu'il ne reste aucun doute dans les esprits les moins bien disposés, je rapporte ici l'opinion de Chaptal à ce sujet ; elle ne sera pas suspecte aux industriels. « L'agriculture est la source la plus « pure et la plus féconde de la richesse et du « bien-être des nations. C'est par son état plus « ou moins florissant qu'on peut juger partout « du bonheur des peuples et de la sagesse des « gouvernements. L'éclat de l'industrie peut être « passager ; la prospérité qui est établie sur une « bonne culture du sol est seule durable. Ces « vérités doivent être sans cesse présentes à l'es-

« prit des gouvernements et diriger leur con-
« duite. » (Chaptal, *De la chimie appliquée à
l'agriculture.*)

Si l'agriculture ne rencontre que des apprécia-
teurs de son utilité, il n'en est pas de même pour
ce qui est de l'utilité de l'instruction agricole.
Habituées à voir les opérations de la culture exécutées par des hommes simples et peu intelligents, il y a des personnes qui ne croient pas
qu'elles puissent l'être mieux par des hommes
plus instruits. L'influence de cette opinion est
sans inconvénients quand le nombre des habitants d'un pays n'est pas relatif à son étendue ;
au contraire, à mesure que la population augmente et se civilise, les besoins de première nécessité s'accroissent tous les jours, et il faut demander davantage à la terre, non-seulement en
cultivant une plus grande surface de terrain,
mais aussi en cultivant mieux. Dès lors il existe
une instruction agricole bornée à des observations pratiques faites par certains cultivateurs et
transmises par tradition ; mais, ces besoins satisfaits, les populations favorisées par une civilisation plus avancée connaissent bientôt les besoins factices ; les arts et les sciences, créés
pour les satisfaire, aident l'industrie agricole,
permettent d'augmenter la production et de la
mettre en rapport avec la consommation : c'est

à ces causes que nous devons les progrès successifs de l'agriculture.

Les sciences, élevées par degrés au plus haut point de perfection, ont éclairé successivement les arts libéraux et industriels ; l'agriculture a eu son tour ; on a vu créer pour elle des fermes-modèles et des chaires agricoles ; la presse, en publiant les connaissances nouvellement acquises, les a propagées et en a donné le goût au public. Ces résultats répondent suffisamment à ceux qui doutent encore de l'utilité de l'application de certaines sciences à l'agriculture : mon ouvrage tout entier repose sur ce principe et ne laissera aucune incertitude sur cette question.

Notre position, quant à l'instruction agricole, peut paraître satisfaisante au premier coup d'œil ; mais, en regardant attentivement chacun de nos moyens actuels de propagation, on les voit inférieurs et à nos ressources et à nos besoins. En effet, les hommes qui ont appris ce que peuvent certaines sciences, pour l'avancement de l'agriculture et des arts qui s'y rattachent, nous affirment que nous n'en tirons pas tout le parti possible ; puis, en observant à quelle distance d'une instruction scientifique complète les cultivateurs praticiens se trouvent placés, on est convaincu qu'il y a une grande lacune à combler. Je traiterai plus loin ces questions. Je vais successivement examiner quelle est, sur l'instruction et sa propagation, l'influence des fermes-modèles, des sociétés et des écoles agricoles, de la presse, des comices, des chaires d'agriculture et de l'enseignement rural dans les écoles primaires. Je n'entreprendrai pas l'historique de ces moyens divers, je dirai seulement le bien qu'ils font, et celui qu'ils ne peuvent faire.

Des fermes-modèles et des écoles d'agriculture.

Ces établissements ont marqué une nouvelle ère dans l'agriculture. Confier à un maître l'instruction des élèves cultivateurs réunis, c'est avoir fait l'aveu qu'il existait des connaissances rurales théoriques et pratiques. J'ignore la date du premier de ces établissements ; je sais seulement que quelques-uns d'entre eux n'ont pas eu de succès parce que la science agricole était trop peu avancée : je sais aussi que c'est la ferme de Roville qui la première a attiré l'attention publique par les écrits et les travaux de son directeur, M. de Dombasle, et par les élèves qu'il a formés. Les résultats qu'il a obtenus sont surtout remarquables quand on sait combien on est peu venu à son aide et de quels obstacles il a su triompher. Depuis 1822, époque de la fondation de Roville, plusieurs autres écoles ont été créées ; leur utilité a été bien sentie par les agronomes instruits. Elles ont été demandées par M. Deby ; il voulait qu'on en établît sur plusieurs points de la France. M. de Villeneuve-Bargemont en désirait une dans chacun de nos départements. C'est cette idée que je reprends aujourd'hui en lui donnant toute l'extension dont elle est susceptible et en conseillant des mesures d'une exécution facile qui en assureront le succès. Plusieurs de ces établissements sont en activité, d'autres n'ont pas réussi ; je me réunis à tous ceux qui font des vœux pour leur multiplication. Je suis si convaincu de leur utilité, que je fonde la réussite de mon système d'instruction sur une meilleure organisation de ces fermes-modèles. Je consacrerai un article pour l'école de Grignon, qui est l'institut agricole le plus complet qui existe.

Institut agricole de Grignon.

En créant l'institut royal agronomique de Grignon, on a eu l'intention de perfectionner et de propager l'agriculture ; tout a été fait d'une manière digne des fondateurs qui ont choisi pour directeur M. Bella, ancien officier supérieur d'état-major, qui n'avait jamais cessé, pendant ses longues courses à travers l'Europe, d'étudier l'agriculture : pendant deux années qu'il passa comme commandant de place à Zell en Hanovre, où Thaër avait fondé son premier institut agricole, il devint l'élève et l'ami de ce grand maître; il appliqua depuis, dans ses propriétés du Mont-Blanc, les connaissances théoriques et pratiques qu'il avait acquises, puis dans la Lorraine allemande, et il avait douze années d'expérience quand il prit la direction de Grignon, où il a appelé des professeurs de toutes les sciences pouvant concourir à rendre plus parfaite l'instruction des élèves; à cet enseignement scientifique il a joint l'enseignement pratique, qui complète les études agricoles. (Voir, pour plus de détails, les *Ann. de Grignon.*)

Le gouvernement, appréciant les services que peut rendre cet établissement, a voulu contribuer à les étendre; il s'est chargé des frais d'instruction en stipulant un abaissement du chiffre de la pension proportionné à l'allocation qu'il accordait. Les frais de l'école ne pèsent plus aujourd'hui sur les actionnaires qui tiennent cette propriété de la liste civile; l'utilité de cet institut est si généralement sentie, que le nombre des élèves qu'il reçoit de nos départements et des pays étrangers augmente annuellement; il a puissamment contribué à donner de la force à l'instruction scientifique et pratique, et à affaiblir l'opposition routinière, qui adopte aujourd'hui les nouvelles idées plus justes et plus en harmonie avec nos besoins; elle comprend enfin la possibilité de l'application des sciences à l'agriculture.

J'ai exposé l'état prospère et toutes les ressources de Grignon; j'ai dit quel pas immense a franchi l'instruction agricole dont il a fait sentir toute l'importance; mais je ne peux disconvenir que, si on lui donnait une destination plus élevée, les résultats qu'il obtiendrait alors auraient de bien plus grands avantages pour le pays : j'explique ma pensée.

Cet institut a des professeurs qui, par des travaux laborieux et un exercice de plusieurs années, ont distingué, dans la science que chacun d'eux possède, tout ce qui était utile à l'agriculture; ils l'enseignent à des jeunes gens qui reçoivent une instruction complète qui les rend aptes à diriger comme régisseurs ou propriétaires un grand domaine, et à pratiquer avec fruit dans des positions très-différentes sur tous les points du globe : telle est la cause de la longueur et de la difficulté des études. On conçoit que ceux qui sont envoyés par les conseils généraux n'auraient besoin que d'une instruction propre aux départements où ils doivent la propager; d'autres, qui viennent s'instruire à leurs frais pour mieux faire valoir leurs propriétés, sont dans le même cas; enfin les habitants du nord et du midi sont placés bien différemment sous le rapport cultural : tous cependant passent deux années à Grignon , et elles ne suffisent pas. Je suppose qu'ils aient mérité et obtenu le diplôme, que font-ils de retour sur les lieux de leurs exercices pratiques? Ils extraient de leur instruction supérieure et générale ce qui est applicable à leur culture plus ou moins spéciale; une partie de leurs connaissances acquises devient superflue; il y a eu pour eux *perte de temps et d'argent :* de plus, voulant suivre les bonnes méthodes, voulant se servir des meilleurs instruments aratoires et marcher dans la voie des améliorations que la science indique clairement, ils éprouvent une opposition formelle, excitée par les préjugés des propriétaires et des ouvriers, qui ne consentent pas à faire autrement qu'ils ont toujours fait; il n'y a que ceux qui ont été placés à la tête des fermes-modèles nouvellement créées, qui ont pu se servir de tout leur savoir et en faire profiter la société; en outre, les examens d'admission n'étant pas assez sévères , ces jeunes gens ne présentent pas tous assez de garanties de capacité pour pouvoir comprendre au premier abord une instruction scientifique et pratique aussi étendue, aussi variée. En quittant l'école , qui, ne les trouvant pas assez instruits, leur refuse le diplôme, ils compromettent leurs propres intérêts ou ceux qui leur sont confiés; je dis plus, ils compromettent la science par de fausses applications dont seuls ils sont coupables.

C'est ainsi que se trouve expliqué pourquoi l'école de Grignon ne fait pas tout le bien possible ; mais elle n'en a pas moins le mérite d'avoir démontré à quel degré de perfection l'agriculture était susceptible de parvenir et les services qu'elle pourrait rendre dans l'avenir, si l'instruction scientifique complète, réunie à une pratique étendue, était donnée à des élèves en état de la comprendre, et si on avait le pouvoir de les utiliser en les plaçant convenablement pour la propager.

De ce qui précède, il résulte que cette école, si supérieure à toutes les autres, laisse beaucoup à désirer pour que tous nos besoins agricoles soient satisfaits. Il importe de couvrir le sol de bons agriculteurs ; mais en suivant le système actuel, et quel que soit le nombre toujours croissant des élèves, il sera insuffisant. Il faut faire pénétrer l'instruction jusqu'aux petits cultivateurs, il faut la mettre à la portée des masses parce qu'il y a plus d'hommes dont les facultés intellectives sont bornées que d'hommes parfaitement intelligents ; enfin il faut réduire les dépenses d'argent qu'elle occasionne, abréger le temps qu'elle exige et éviter des déplacements onéreux et fatigants.

Ces graves inconvénients sont prévenus par mon projet, qui donne une destination nouvelle et plus élevée à l'institut de Grignon.

Influence des sciences et de la presse sur l'agriculture, etc., etc.

Les sciences n'avaient pas de meilleure voie que la presse pour se communiquer aux agriculteurs ; elles ont trouvé, en se perfectionnant, plus d'occasions de les éclairer ; elles ont fait connaître la nature et la composition des objets avec lesquels ils sont en rapport, les lois qui régissent tous les corps sur lesquels ils agissent constamment pour en obtenir plus de produits. Les ouvrages de botanique sont peut-être les premiers qui ont été consultés et compris ; Chaptal est venu ensuite, et il a rendu les plus grands services en prouvant que la chimie pouvait être utilisée au profit des arts agricoles et de la culture du sol. Toutes les autres sciences physiques et naturelles ont offert successivement leur tribut à l'agriculture, et c'est toujours par la presse que toutes leurs applications pratiques se sont répandues. Les connaissances scientifiques faisant partie maintenant de l'enseignement public, beaucoup d'hommes peuvent comprendre les préceptes donnés dans les ouvrages agricoles ;

c'est la raison qui en fait publier de périodiques, lesquels, débarrassés du plus grand nombre de difficultés possibles, enseignent des méthodes appropriées à l'intelligence et à la capacité de ceux que l'on veut instruire. Ces derniers ouvrages ont amélioré l'agriculture ; je n'ignore pas le bien qu'ils ont fait, mais je sais aussi tout le bien qu'ils ne peuvent faire ; je vais indiquer les causes de leur insuffisance.

Malgré tous les efforts de la presse périodique pour répandre ses instructions, il est de notoriété qu'elles n'arrivent qu'aux classes éclairées et instruites et qu'elles s'arrêtent là ; et dans ces classes élevées il est des hommes encore pleins de préjugés ; il en est d'autres qui ne reçoivent qu'avec défiance des conseils qu'ils ne voient pas pratiquer ; quelques-uns ont la volonté de bien faire, mais ils exécutent mal ce qu'enseignent les écrits ; le résultat annoncé n'est pas obtenu, ils s'en prennent au procédé plutôt qu'à leur défaut d'esprit ou de jugement ; ils se plaignent et découragent ceux qui étaient disposés à sortir des voies de la routine. De ces exemples qui sont sous les yeux de tout le monde, il résulte que la presse ne pourra jamais instruire suffisamment tous les cultivateurs. D'ailleurs, la science agricole se compose de théorie et de pratique dont l'enseignement, pour être complet, ne peut être séparé, pas plus qu'elles ne pourraient l'être pour l'étude de la médecine et de tous les arts libéraux. Enfin la presse est un auxiliaire puissant, mais qui ne suffit pas pour faire descendre l'instruction jusqu'à l'homme le moins intelligent qui cultive la terre, et pour lui apprendre ce qu'il a besoin de savoir.

Des hommes bienfaisants et pénétrés de l'importance de l'agriculture autant que des avantages de l'émulation ont fondé des comices agricoles dans beaucoup de départements. Les productions de chaque localité concourent entre elles; des récompenses sont distribuées à ceux qui présentent les meilleurs résultats : on accorde aussi des prix aux ouvriers recommandables par leurs services et leur moralité. Le gouvernement approuve et encourage ces associations, qui établissent entre des hommes instruits et des cultivateurs de toutes les classes des rapports utiles. Les éloges dus à cette bonne institution ne doivent pourtant pas aveugler sur son insuffisance : montrer de bons résultats n'est pas enseigner les moyens de les obtenir; les comices seuls ne couvriront jamais la France de bons agriculteurs : on n'atteindra ce but qu'en propageant une instruction spéciale théorique et pratique.

Les sociétés agricoles, très-multipliées aujourd'hui et souvent réunies aux sociétés scientifiques et littéraires, nous prouvent que les hommes instruits étudient l'agriculture et la perfectionnent sur leurs propriétés. On doit quelques améliorations à cette étude qui donne de bons exemples, mais qui ne peut éclairer suffisamment les petits praticiens dont nos agronomes les plus savants n'ont pas la puissance de déraciner les préjugés invétérés. Espérons qu'ils accueilleront mon système d'instruction, et qu'ils concourront ainsi à propager toutes les améliorations agricoles désirables, parce qu'elles suivront des gradations indispensables pour la faire pénétrer jusqu'aux intelligences les moins avancées.

La création des chaires d'agriculture a prouvé l'existence d'une science agricole qu'il était urgent, sous tous les rapports, de répandre parmi nous. Le nombre des auditeurs qui se pressent à ces cours exprime le degré d'intérêt que le public attache à cet enseignement trop longtemps négligé; il y reçoit de bons préceptes, et on l'y tient au niveau des découvertes récentes. Ces chaires peuvent être un moyen de plus pour le succès de l'objet que je traite; mais suffisent-elles? je ne le pense pas. Fondées dans les grandes villes, leurs cours ne sont guère suivis que par des hommes qui ne cultivent point; ils sont trop restreints pour pouvoir donner un enseignement étendu et former un agriculteur parfait. La pratique, cet élément si essentiel, manque absolument aux professeurs, qui, à son défaut, ne peuvent donner la science complète. Ces chaires agricoles, ayant leur utilité, doivent être conservées, mais elles ne dispensent pas d'un plus vaste système d'instruction qui atteindrait toutes les classes agricoles. L'importance incontestable de l'agriculture pour la France méritera, je l'espère, qu'on la professe dans une école nationale supérieure, à côté de la chimie, de la physique, de la géologie, de l'histoire naturelle et même de la médecine, avec laquelle elle a des rapports généraux d'utilité sociale. L'époque de cette illustration n'est pas éloignée; cette science sortira définitivement constituée, sous des formes encore inconnues, d'un établissement dont je demande la création.

Depuis plusieurs années, les écoles primaires de quelques départements ont introduit dans leur instruction certaines notions élémentaires d'agriculture. J'applaudis à tout ce qui doit familiariser avec cette étude si naturelle à tous les hommes; mais il ne faut pas se faire illusion sur l'utilité de ces moyens. Il est impossible de faire comprendre l'agriculture à de jeunes enfants; leurs facultés ne sont pas encore assez développées; ils peuvent retenir les mots, les raisonnements sont au-dessus de leur portée. Dans tous les cas, c'est faire bien peu pour cet art que d'en introduire les éléments les plus simples dans leurs premières études. Cependant je conviens que, pour ceux de ces enfants qui sont destinés aux travaux des champs, cette initiation serait moins inutile que des notions d'histoire et de géographie. Tout bien considéré, on ne peut leur donner l'initiation d'une science dont les éléments ne sont pas encore bien établis, parce qu'elle n'est pas la même pour le chimiste agricole, pour le botaniste et pour le cultivateur qui n'est guidé que par sa routine et ses observations personnelles. Elle ne peut être rendue élémentaire et avoir des basses certaines que lorsqu'elle sera complète et qu'elle aura pour organes des hommes qui posséderont l'instruction que peut donner la réunion de toutes les sciences et de tous les arts applicables à la culture de la terre et au meilleur emploi de ses produits.

De l'examen de ces divers moyens de perfectionner et de propager l'agriculture actuellement en action, je conclus que son utilité est généralement reconnue, et qu'il n'est plus douteux que l'homme peut augmenter les revenus du sol en le cultivant avec plus d'intelligence. Tous les efforts que l'on a faits, jusqu'à présent, ont assez montré aux agriculteurs les heureux effets d'une instruction spéciale. Mes observations, en même temps qu'elles les ont signalés, ont aussi démontré, jusqu'à l'évidence, que cette instruction n'était pas complète et qu'elle ne pénétrait pas tous les cultivateurs ; il existe donc une lacune : j'ai la conviction qu'elle serait remplie par la mise à exécution du système que je vais exposer.

CHAPITRE II.

PROJET D'UN SYSTÈME D'INSTRUCTION AGRICOLE
COMPLET.

*École supérieure d'agriculture. — Ingénieurs
agricoles.*

Prendre aux sciences tout ce qu'elles ont d'applicable à l'agriculture, en former une science nouvelle, favoriser ses progrès, transmettre aux agriculteurs praticiens de toutes les classes, de tous les pays, les connaissances agricoles nécessaires à chacun d'eux, tel est le problème que je me propose de résoudre dans ce chapitre.

J'ai étudié les diverses capacités intellectuelles de la masse des cultivateurs; mes relations avec Grignon m'ont mis à même d'apprécier les services que certaines sciences peuvent rendre à l'agriculture; j'ai vu que sa théorie et sa pratique pouvaient être enseignées, mais qu'il fallait un moyen de communication pour que les ressources fournies par la science agricole pussent profiter à toutes les intelligences. Ce moyen, je le donne : il consiste à former, dans une école dite supérieure, des élèves destinés à réunir tous les éléments d'instruction que peuvent donner les sciences applicables à l'agriculture, et à les transmettre aux agriculteurs de toutes les classes. Cette instruction théorique et pratique serait très-complète. On aura une idée de sa force et de sa nature en jetant les yeux sur le programme actuel de Grignon, placé à la fin de mon ouvrage. Le haut degré de perfection auquel la science agricole s'est déjà élevée dans cet institut royal n'est pas connu généralement, et certaines intelligences ne sauraient le concevoir ; c'est pourquoi il faudrait rendre l'examen d'admission des élèves plus rigoureux qu'il n'est maintenant. Il serait même à désirer qu'ils eussent des notions assez parfaites des sciences utiles à l'agriculture, pour que, dès leur entrée, on pût les admettre à l'application agricole de ces sciences : s'il en était ainsi, les professeurs seraient tout d'abord écoutés par des hommes en état de les comprendre, et l'instruction nécessaire pourrait être acquise en moins de temps.

Et que l'on ne craigne pas de manquer de candidats pour suivre cette nouvelle carrière ; l'instruction classique et scientifique est tellement répandue aujourd'hui, et si nécessaire pour se livrer à l'étude des arts libéraux, qu'il y a certitude qu'il s'en présenterait plus qu'on n'en pourrait admettre : aussi devra-t-on préférer ceux qui offriront le plus de garanties de moralité et de capacité. Ainsi, aux jeunes gens instruits de la classe lettrée formée dans nos colléges et nos facultés des sciences, qui sentent ce qu'ils peuvent et qui souvent ne trouvent pas à utiliser leurs études, tant les professions libérales et les administrations sont encombrées, j'offre une nouvelle source d'occupations honorables et utiles, propres à satisfaire le cœur d'un homme de bien et une ambition raisonnable.

Les études agricoles terminées, ces élèves, après avoir subi avec succès des examens rigoureux, seront aptes, en rentrant dans la société, à remplir toutes les fonctions administratives, législatives, scientifiques et pratiques ayant rapport à l'agriculture. Ils pourront aussi facilement démontrer les opérations les plus simples de la culture dans les champs, que contribuer, par leurs écrits, aux progrès de la science : ils formeront un corps savant destiné à occuper une haute position sociale par son utilité et son instruction; et, en raison de ces considérations, le titre d'*ingénieur agricole*, qui a déjà été proposé pour les agronomes distingués, sera donné par un diplôme aux élèves de l'école supérieure. Ils seront savants théoriciens et savants praticiens. Leur instruction complète, qui ne peut être acquise que par une grande intelligence et par des travaux longs et difficiles, ne serait pas donnée à tous les cultivateurs, car elle n'est pas utile à tous et tous ne la comprendraient pas. Il en serait extrait et enseigné, dans les écoles secondaires ou fermes-modèles, ce qui serait suffisant pour les cultivateurs de la seconde et de la troisième classe, et tout à fait à leur portée. Ces ingénieurs agricoles étant propres à exercer l'agriculture sous toutes les latitudes, à distinguer la culture qui doit être préférée, à en tracer le plan et à déterminer les conditions les plus favorables à la production, eu égard à la qualité du sol, à sa position, aux besoins de l'industrie et du commerce, possédant enfin l'ensemble de la science agricole et toutes les connaissances pratiques nécessaires à la mise en œuvre, lesquelles les rendront capables de modifier leurs plans suivant les circonstances les plus diverses, on devra leur confier en toute sécurité l'enseignement des agriculteurs qui ne doivent pas sortir de leurs localités.

Dans cette catégorie d'ingénieurs agricoles qui peuvent prêcher par la parole et par l'exemple, nous devons comprendre tous les hommes qui possèdent la science agronomique théorique et pratique, et qui enseignent l'agriculture dans des chaires ou dans des écrits. Le nombre en est bien limité, et il faut dire qu'avant l'établissement de Grignon, le seul où cette science est enseignée complétement, ceux qui ont paru se sont formés par la force de leur génie et par un travail opiniâtre. Le nombre de ces hommes supérieurs sera augmenté par la création de notre école normale. Alors l'agriculture sera partout représentée ; elle aura des voix puissantes qui proclameront son importance, et des propagateurs qui, disséminés sur tous les points de la France où nos fermes-modèles seraient établies, apprendront à chacun ce qu'il a besoin de savoir pour bien cultiver et tirer le meilleur parti possible des produits agricoles. Il est à remarquer que toutes les industries, tous les arts, toutes les sciences, et même toutes les professions, comptent des hommes distingués, riches ou sans fortune, qui les représentent dans la société où ils trouvent appui et considération ; l'agriculture seule ne possède aucun de ces avantages ; elle n'est ni estimée, ni protégée convenablement : nos ingénieurs agricoles rempliront ce vide qui étonne aujourd'hui, et leur capacité, leurs lumières les placeront parmi les notabilités de l'époque.

Une fois ces ingénieurs formés, il ne s'agit plus que de fonder des centres d'instruction locaux et secondaires, où se trouveraient réunies les 2e et 3e classes agricoles, c'est-à-dire les cultivateurs propriétaires ou fermiers, et les journaliers et artisans de la campagne : ce sont ces centres d'instruction que je désigne sous le nom de ferme-modèle et dont j'indiquerai l'organisation et le but. Dirigés par nos ingénieurs, il serait nécessaire que celui d'entre eux auquel le gouvernement confierait une de ces directions fît un stage (je n'en détermine pas la durée d'une manière absolue) à l'école supérieure, afin d'acquérir, par une étude particulière, les moyens de remplir avec distinction les fonctions de directeur. On l'occuperait, pendant ce stage, à conduire les travaux et à surveiller les travailleurs; il étudierait l'organisation et l'administration de l'établissement pour en faire l'application en connaissance de cause; on le chargerait de faire les répétitions aux élèves de 1re et 2e année, afin de lui donner l'habitude de l'enseignement : tout serait fait pour que cet ingénieur agricole fût en état de remplir l'importante et difficile mission de réformer les préjugés de la campagne, d'y propager les bons principes et les meilleures méthodes.

Non-seulement nos ingénieurs organiseraient et dirigeraient nos fermes-modèles, mais on pourrait leur confier des missions scientifiques dans des voyages de découvertes et de long cours; ils en rapporteraient des produits végétaux dont ils auraient étudié les usages et l'utilité; ils sauraient les acclimater sur quelque point de notre sol ou dans quelques-unes de nos possessions d'outre-mer. Ceux qui auraient dirigé avec le plus de succès une ferme-modèle ou qui auraient régi avec le plus d'avantages de vastes domaines, ceux qui auraient fortifié leur instruction par des voyages entrepris dans l'intérêt de la science ou qui auraient approfondi certaines études spéciales, seraient admis à concourir pour les chaires vacantes à l'école supérieure. Ce serait aussi parmi eux que les administrations devraient choisir ceux de leurs employés qui ont des rapports avec l'agriculture; enfin ils pourraient en faire des cours dans les écoles d'arts et métiers et même dans les séminaires, selon le vœu d'un spirituel écrivain, M. Aimé Martin, qui a dit que, pour contribuer au perfectionnement de la culture des terres, il faudrait que les prêtres destinés aux communes rurales eussent une instruction agricole pratique. Enfin ils seraient encore préférables à tous autres pour diriger les fabriques de sucre, de fécule, de bière, d'huile, etc. Ces établissements, susceptibles de développements par suite des progrès de l'agriculture, seraient une ressource de plus pour occuper utilement nos ingénieurs. Je ne peux ni prévoir, ni indiquer tous les services qu'ils sont appelés à rendre; mais il est certain que l'extension immense dont les arts agricoles sont susceptibles multipliera tellement les occupations des agronomes intelligents, que le nombre de ces ingénieurs ne sera jamais trop grand. Parlerai-je des écoles forestières et des haras ? ne peut-on pas les regarder comme des écoles d'application de certaines branches d'agriculture ? A ce titre, il serait d'un grand avantage de n'y admettre que des élèves qui auraient reçu à notre école supérieure un degré convenable d'instruction : si cette pensée était celle du gouvernement, mon projet rendrait un service de plus.

De même que nous voyons une foule d'étrangers accourir à nos écoles spéciales, dont ils reconnaissent la supériorité, de même nous les verrions accourir à notre école normale d'agriculture, dont l'enseignement universel leur serait aussi utile qu'aux Français. Cet établissement, étant unique en Europe, forcerait à y venir tous ceux qui voudraient acquérir une instruction complète, dont l'utilité serait d'autant plus appréciée qu'elle serait plus répandue. La diffusion de la science agricole appartient à la France; placée à la tête de la civilisation, elle doit être jalouse de cette gloire nouvelle : enseigner aux nations les sciences et les arts qui font le bonheur des peuples est aujourd'hui tout à fait en harmonie avec nos idées nationales.

Les hommes qui, par leur fortune, ont du loisir de reste, prennent dans le monde une direc-

tion qui varie selon les temps; les armes, la ma-
gistrature, les sciences, les arts, la haute industrie, les ont successivement occupés : quelques-
uns de ces hommes viendront certainement
suivre les cours de notre institution, quand le
bien qu'elle peut produire sera connu, quand
surtout on remarquera dans les conseils, dans les
assemblées la supériorité de ceux qui auront
ainsi étudié la science agricole. D'ailleurs, les intérêts privés y trouveront leur compte; il sera
utile aux grands propriétaires du sol d'apprendre,
si ce n'est à cultiver par eux-mêmes, du moins
à entendre l'administration de leurs propriétés et
à sentir les améliorations qui auraient des avantages pour eux. Plusieurs très-riches propriétaires ont été déjà puiser à Grignon les connaissances
qui, tout en augmentant leur fortune, font un
bien immense dans leur localité. Les pères de famille qui comprendront ces idées enverront leurs
fils à notre école supérieure, pour y employer
une ou deux de ces années qui se trouvent entre
la fin des études classiques et l'entrée dans le
monde, époque de la vie si dangereuse pour notre
jeunesse dorée et si inquiétante pour les parents.
Ces jeunes gens prendraient goût aux choses sé-
rieuses et utiles; ils contracteraient des habitudes d'ordre et d'activité qui leur feraient aimer le
séjour de la campagne; ils moraliseraient le pays

par de bons exemples ; ils l'enrichiraient par des dépenses bien entendues. De l'ensemble de ces différentes causes, agissant pendant un certain temps, on peut prévoir qu'il résultera une amélioration sociale bien désirable aujourd'hui.

Je n'entreprendrai pas d'indiquer les dépenses de premier établissement qu'occasionnerait la fondation d'une école supérieure d'agriculture ; mais, ces dépenses faites, je dirai que de toutes les écoles royales ce serait celle qui coûterait le moins annuellement, car les produits qui résulteraient des travaux pratiques, ajoutés aux pensions des élèves, lui permettraient de se suffire à elle-même. Si Grignon était choisi dans ce but, et il me semble difficile qu'il en soit autrement, le gouvernement n'aurait à traiter qu'avec la liste civile et à désintéresser les actionnaires.

Fermes modèles.

Après avoir étudié les variétés du sol de la France et l'avoir divisée en autant de circonscriptions territoriales qu'elle présente de différences sous le rapport agricole, il conviendrait d'établir une ferme-modèle dans chacune de ces circonscriptions qui aurait besoin du même enseignement. Mais, comme ces divisions ne seraient pas les mêmes que celles de nos préfectures et qu'il en résulterait de l'embarras pour l'administration, je propose d'en établir une dans chacun de nos départements.

Dans cette ferme-modèle ou école secondaire, l'instruction serait essentiellement pratique ; les sciences n'y paraîtraient, que dépouillées de toutes leurs difficultés, et qu'autant qu'il conviendrait pour l'intelligence des opérations agricoles ; elle serait simple et facile à acquérir et en rapport avec les besoins de la culture locale qu'elle aurait à éclairer. Fondée, s'il était possible, au centre du département, les dimensions de tous ses bâtiments seraient proportionnées aux récoltes à recueillir, aux hommes et aux animaux à loger. Il y aurait avantage et économie d'argent à la placer au milieu de terres incultes, si dans la position centrale il en existait ; les résultats obtenus par une culture perfectionnée seraient plus remarquables ; mais, dans tous les cas, et par la suite, il serait facile au directeur d'établir une succursale sur ces terres afin de les rendre productives. Peut-être faudrait-il deux fermes-modèles dans les départements qui par leur étendue présentent des cultures très-différentes ; dans ce cas on déplacerait moins les élèves, et l'enseignement serait mieux approprié aux besoins de la localité.

Le personnel de ces fermes se composerait

1° D'un ingénieur agricole directeur, auquel seraient confiées l'administration, l'instruction et la caisse. Si l'importance de l'établissement l'exigeait, on lui adjoindrait un ingénieur agricole sous-directeur.

2° D'un nombre suffisant de chefs ouvriers et contre-maîtres indispensables pour aider à enseigner les nouvelles méthodes pratiques et manuelles. Les premiers de ces hommes, nécessaires aux ingénieurs-directeurs pour fonder avec succès les fermes-modèles, ne peuvent être formés ailleurs qu'à l'école supérieure : par suite ils se recruteront parmi les ouvriers des fermes-modèles. Nulle autre part ils ne pourront apprendre aussi bien que là les manœuvres et les travaux spéciaux à la localité.

3° D'un employé chargé de la tenue des livres, telle qu'elle serait enseignée et pratiquée à l'école supérieure.

La surveillance générale de ces établissements appartiendrait à un ou à plusieurs inspecteurs généraux nommés par le gouvernement; ils auraient à examiner la comptabilité, l'administration, la culture, l'instruction scientifique pratique et morale.

L'ingénieur agricole directeur, chargé d'organiser une ferme-modèle, ferait, comme je l'ai dit plus haut, une année de stage à l'école supérieure *ou dans une école secondaire.* Cette année révolue, il recevrait l'ordre de se rendre sur les lieux, d'y étudier la culture en usage, de présenter un aperçu des améliorations qu'il y aurait à faire, et de s'entendre avec l'administration locale sur l'endroit le plus convenable pour l'établir ; il donnerait son rapport à un comité composé des principaux agronomes jouissant de la confiance du département. Là, et en présence de l'auteur, ce rapport serait discuté, arrêté provisoirement et envoyé à l'école supérieure, qui, après l'avoir examiné et arrêté définitivement, le soumettrait à l'approbation du ministre qui en ferait la règle du directeur. Aucune modification n'y pourrait être apportée sans une autorisation spéciale : cette mesure donnerait au public et au gouvernement des garanties de bonne direction.

Les élèves admis dans les fermes-modèles seraient des hommes âgés au moins de dix-huit ans, destinés à travailler dans le département à une culture plus ou moins considérable, ou à une industrie agricole quelconque, comme propriétaires, fermiers ou industriels; on exigerait qu'ils eussent une parfaite connaissance de tout l'enseignement donné dans les écoles primaires. Ils devraient appartenir à des familles ayant assez d'aisance pour payer une pension dont le taux varierait selon les différents pays. Les travaux manuels qui leur seraient profitables, comme instruction, profiteraient aussi à l'établissement. La durée de leur apprentissage théorique et pratique dépendrait de leur plus ou moins de dispositions.

Le succès de ces établissements ne serait pas douteux; les agriculteurs praticiens en sentiraient bientôt tous les avantages. Nous voyons des conseils généraux entretenir à leurs frais des élèves à l'école de Grignon, afin d'avoir des représentants de l'agriculture perfectionnée pour pratiquer les nouvelles méthodes dans leurs départements; des pères de famille, fermiers ou propriétaires, y envoient également leurs enfants de toutes les parties de la France. Ceci ne témoigne-t-il pas hautement combien les avantages de cet enseignement sont appréciés! Mais, si le besoin de le posséder détermine des conseils généraux et des pères de famille à envoyer des jeunes gens si loin de chez eux, n'est-il pas certain qu'ils préféreront les placer dans la ferme-modèle du pays, où toute l'instruction utile, appropriée à la localité sur un sol identique au leur et mise à la portée des capacités les plus ordinaires, serait acquise en moins de temps et avec moins de dépense! Indubitablement la méfiance cesserait à cet égard parmi les cultivateurs, témoins oculaires des résultats d'une meilleure culture ; ils sentiraient l'impossibilité de soutenir la concurrence de leurs voisins instruits à la ferme-modèle, et leur intérêt les y amènerait à leur tour, ou du moins les pousserait à cultiver comme eux. La nouvelle génération tout entière sentirait enfin que cette instruction intellectuelle et pratique, si facile à comprendre, lui donnerait les moyens de raisonner les opérations et améliorations agricoles, et la rendrait propre à les faire exécuter ou à les exécuter elle-même. La France étant ainsi couverte de bons agriculteurs, les terres stériles seraient bientôt fertilisées, et les terres incultes mises en rapport. Nous aurions des cultures variées selon le climat, selon les besoins du pays et du commerce; il n'y aurait plus surabondance ou pénurie de certaine denrée ; chaque chose viendrait dans des proportions convenables, et comme la multiplicité des produits exige le concours d'un plus grand nombre de travailleurs, il n'y aurait plus d'ouvriers oisifs dans les campagnes; tous les bras valides, inoccupés, seraient utilisés dans l'intérêt de tous. Ainsi se trouverait résolu ce problème d'économie politique, qui consiste à obtenir le plus de produits utiles à la société par le concours du plus grand nombre d'hommes, afin que ce plus grand nombre vive de son travail, et trouve ce qui lui est nécessaire pour l'entretien de sa vie à un prix qui lui permette de se le procurer.

Une longue expérience a démontré qu'un des plus grands empêchements pour la bonne exécution des méthodes agricoles perfectionnées provient de l'incapacité ou de la mauvaise volonté des ouvriers de toute espèce. C'est donc à nous à former cette troisième classe d'hommes indispensable à la propagation des améliorations rurales ; instruisons-la, faisons son éducation et l'obstacle cesse. Nos établissements nous en offrent les moyens : pour cela, il faudrait que les associations de bienfaisance, les personnes charitables, les communes, etc., y envoyassent des enfants en payant annuellement pour eux une somme très-modique.

Les parents de ces pauvres enfants, loin de s'occuper de les moraliser, leur donnent plutôt de mauvais conseils et même de mauvais exemples. Hors le temps passé chez le maître d'école, quand ils y vont, le reste de leur journée est employé à mal faire. Abandonnés à leurs mauvais penchants, ils s'habituent à la paresse et au vagabondage ; ils n'ont aucun respect pour leurs pères, pour leurs mères et pour leurs supérieurs. Des méchancetés envers leurs semblables, des cruautés envers les animaux, voilà leurs plaisirs ! De pareils garnements deviennent, la plupart, des êtres dangereux pour la société, et il lui importe de les soustraire, jeunes encore, à de si pernicieuses influences. Admis dans nos fermes-modèles à l'âge de treize à quatorze ans, sortant des écoles primaires et après avoir fait leur première communion, alors qu'on peut espérer qu'il est temps encore de les rendre meilleurs par une surveillance éclairée et une bonne direction, ils prendraient le goût du travail et de l'ordre; ils trouveraient dans les occupations simples et variées de la culture des travaux en rapport avec leur force et leur intelligence progressives. Leur ouvrage ne tarderait pas à indemniser entièrement de ce qu'ils coûteraient en sus de leur petite pension. On admettrait aussi au même titre les *enfants trouvés;* le gouvernement payerait pour eux, et il y trouverait de l'économie si ces fermes étaient bien administrées.

Une instruction manuelle et une éducation morale seraient données à ces enfants. Devenus, à vingt ans, des sujets probes et de bons travailleurs, ils seraient recherchés sous ces deux rapports. Leurs enfants n'auraient pas besoin, sans doute, d'entrer dans nos établissements pour être bien élevés. En quittant la ferme, une certaine somme en argent pourrait être donnée à ceux qui, s'étant distingués par leur bonne conduite et leurs bons services, auraient gagné au delà de leurs dépenses ; on rendrait ainsi leur position encore meilleure en rentrant dans leurs foyers, et cette récompense méritée produirait un bon effet par l'émulation.

En dehors de ces classes d'agriculteurs, les ouvriers ou artisans agricoles, et les cultivateurs propriétaires ou fermiers, il se trouve une catégorie composée d'une grande partie des habitants de la campagne, lesquels, aidés de leur famille, exercent la petite culture sur de très-petites portions de terre qui leur appartiennent ou qu'ils louent. Certains d'entre eux ont, de plus, une autre industrie. Leur nombre est grand, surtout dans les pays où la propriété est très-divisée. Ils sont presque tous ignorants en agriculture et esclaves de principes faux ; ils seront de même esclaves des bons procédés quand ils seront sous leur influence. Ce n'est donc que par des exemples, que leur offriront les fermes-modèles et les agronomes praticiens placés dans leur voisinage, qu'on pourra leur faire faire quelques progrès. Ces exemples leur arriveront par les yeux ; ils cultiveront mieux instinctivement, et la grande culture ne sera pas une concurrence désavantageuse pour eux ; ils pourront d'ailleurs, s'ils en ont les moyens, envoyer leurs fils à nos écoles secondaires, et se servir des ouvriers que l'on y aura formés.

Ai-je besoin de dire que chacun de nos établissements, comme tous ceux qui ont une utilité
publique et locale, seraient à la charge du gouvernement et du département par parties déter-
minées? Les nôtres auraient cet avantage, qu'une
fois en activité, ils se soutiendraient avec leurs
produits ; ils seraient sous la surveillance de l'autorité et assujettis à des règlements qui en assu-
reraient la bonne direction.

Si l'on veut embrasser mon système dans tout
son ensemble, on voit qu'il forme une chaine
qui d'un bout est en rapport avec toutes les
sciences, et qui de l'autre touche aux opérations
les plus simples de l'agriculture. Entre ces deux
points extrêmes sont placés les ingénieurs agricoles, hommes supérieurs par l'intelligence et
l'instruction, les agriculteurs praticiens propriétaires ou fermiers auxquels on enseigne dans
chaque localité tout ce qu'ils ont besoin de savoir, et enfin les ouvriers agricoles. De ces sources diverses se répand une instruction qui péné-
tre le pays. La science agricole si difficile, si
complète à l'école supérieure, arrive simple et
dépouillée de toutes les difficultés jusqu'aux dernières classes des agriculteurs.

Si, à l'aide des moyens en usage jusqu'à présent, l'agriculture a fait quelques progrès, quelle
impulsion elle recevrait, si à ces moyens on ajou-

tait celui que je propose, qui concourt au même
but! Former des sujets et fonder des établissements propres à rendre facile la propagation de
toutes les méthodes perfectionnées, c'est assurer
à la France une prochaine génération agricole
nombreuse et éclairée.

Je ne peux trop insister pour que le gouvernement prenne la haute direction de l'école supérieure et de toutes les écoles secondaires. Je
demande qu'il en soit de ces établissements
comme de toutes les écoles de sciences et d'arts,
qui, pour réussir, exigent une administration ferme et souvent une générosité éclairée que, malgré quelques exemples, on ne doit pas attendre
de l'industrie privée. Pour faire prospérer nos
fermes-modèles, et qu'elles inspirent une entière
confiance au public, il leur faut des garanties de
durée que l'on ne trouve que dans le pouvoir.
Je ne discuterai pas ici la grande question de la
liberté illimitée de l'enseignement; mais, puisqu'il existe des écoles militaires, des écoles de
médecine, de dessin, de musique, et bien d'autres encore, je dirai qu'il n'y a aucune bonne raison pour que l'instruction agricole, qui touche de
si près à tous les grands intérêts du pays, soit
seule sans aucune organisation et complétement
abandonnée à elle-même, lorsque nos connaissances en agriculture suffisent pour fonder cet

enseignement, et que l'expérience a appris que, comme les sciences enseignées dans les écoles que je viens de nommer, elle se compose d'un double enseignement théorique et pratique susceptible d'être donné à des degrés différents selon l'intelligence et les besoins de chacun.

Je sais que bien des demandes sont faites à l'autorité pour obtenir des modifications à la législation rurale, un changement dans la taxation des droits de vente et d'échange, dans le régime hypothécaire, dans la jouissance des biens communaux, dans les douanes, etc. Je ne peux dire assez combien il y aurait d'avantages, quand nos ingénieurs agricoles seront formés, à les consulter sur ces questions si épineuses à résoudre. Quels hommes seront plus en position de les éclaircir et d'exercer à cet égard une influence salutaire sur l'opinion? Faisons donc des vœux pour que mon projet soit accueilli et exécuté. Je consens d'ailleurs à toutes les modifications utiles qui pourraient être demandées par les hommes qui s'occupent de tout ce qui peut concourir à l'amélioration de l'agriculture et auxquels leurs lumières donnent le droit d'être écoutés.

Le gouvernement semble disposé aujourd'hui à fonder des chambres agricoles dans les départements afin de connaître par elles les vrais besoins de l'agriculture. On doit lui tenir compte de sa sollicitude ; mais cette nouvelle création ne produirait aucun des résultats que l'on en espère, attendu que la partie de la société dans laquelle on prendrait les membres de ces chambres consultatives ne possède pas toutes les connaissances indispensables pour fournir des lumières sur ce sujet si important. Qui ne sait d'ailleurs que les principes du possesseur de la terre sont totalement divergents des principes de celui qui la cultive ? Chacun ne voit que ce qui lui est favorable, une bonne instruction spéciale manque à tous les deux. Comment confier à de tels hommes des questions d'intérêt général comme celles qui ont rapport à la législation rurale, au code forestier, aux biens communaux, etc., etc. ? Pour fonder avec utilité des chambres agricoles, il faut les composer d'agronomes praticiens très-instruits, et ils sont bien peu nombreux : mon projet les multiplierait, et j'ai indiqué ce qu'il faut faire pour les former.

CHAPITRE III.

DE LA NÉCESSITÉ DE PERFECTIONNER ET DE PROPAGER L'AGRICULTURE.

Influence de mon système d'instruction agricole sur toutes les classes d'agriculteurs et sur celles de la société, dont les intérêts ne se rattachent pas spécialement à l'agriculture.

Les services que rend l'agriculture ne sont pas contestés ; des économistes, des hommes d'État et des écrivains distingués les ont indiqués dans tous les temps. Les biens que la société tire de cette source inépuisable sont aujourd'hui si généralement appréciés, que, pour exciter encore l'émulation des hommes dont les travaux pénibles lui font faire des progrès, les chambres ont augmenté l'allocation des sommes destinées à son encouragement.

La presse en signale les avantages, et nous répète sans cesse que l'agriculture seule nous fournit tous nos produits de première nécessité, que c'est elle qui entretient nos industries nationales, qu'elle occupe les cinq sixièmes de notre population, et qu'elle supporte la plus grande partie des charges de l'État.

Néanmoins on reconnaît l'insuffisance de l'instruction agricole ; seulement, la création d'un enseignement sous les différentes formes que j'ai mentionnées dans mon premier chapitre prouve que l'on commence à comprendre que l'agriculture peut être étudiée et enseignée ; dès lors on doit conclure que plus les praticiens seront instruits, plus la terre produira.

Dans mon second chapitre, j'ai posé les bases de mon système d'instruction agricole, combiné de manière à favoriser en même temps les progrès de l'agriculture et sa propagation ; j'ai exposé quelques-uns des services que rendrait ce système s'il était mis en action après avoir été perfectionné et modifié par des administrateurs éclairés : j'en vais faire ressortir toute l'importance.

En faisant produire les terres incultes, en amendant les terres mal cultivées, en améliorant la qualité et en augmentant la quantité de tous les produits utiles à l'homme, à l'industrie et au commerce, ce système présenterait aux capitaux un emploi convenable, et donnerait aux grands domaines, comme aux petites propriétés rurales, une valeur plus considérable, d'où résulterait un accroissement relatif dans les revenus de l'État ; il fournirait de l'ouvrage à une multitude de bras oisifs ou mal occupés ; il exercerait une influence inappréciable sur l'état matériel et intellectuel des populations de la campagne, lesquelles forment les trois quarts de celle de la France, et par suite sur les populations ouvrières des villes, puisque dans nos fermes-modèles ou écoles secondaires une instruction morale serait jointe à l'instruction professionnelle et formerait le complément de l'œuvre de régénération si bien commencée par la loi sur l'instruction primaire; enfin la fortune publique, la tranquillité et la sûreté du pays seraient plus assurées que jamais. En effet, nos institutions agricoles augmentant nécessairement le nombre des agriculteurs et leur donnant pour les affaires particulières un esprit d'ordre et d'intelligence qu'ils apporteraient également dans l'exercice de leurs fonctions publiques, quelle sécurité pour la France de posséder une telle population, si une troisième invasion nous menaçait! Les hommes qu'elle fournirait seraient en état de soutenir les fatigues de la guerre. Attaché au sol dont dépend son bien-être, plus attaché encore à nos institutions politiques parce qu'elles lui sont favorables, tout citoyen deviendrait soldat et défendrait le pays avec l'énergie qu'inspire l'amour de la patrie.

A ces insignes avantages, je ne crains pas d'en ajouter qui seraient encore la conséquence de mon système agricole; on pourrait en attendre l'affaiblissement du paupérisme, la diminution des crimes, et celle des nombreuses dépenses qu'occasionne leur répression. Mais, pour bien comprendre son influence relativement à ces deux propositions, il faut connaître tous nos besoins et ceux de ces besoins qu'il pourrait satisfaire; c'est pourquoi je vais exposer quelques considérations générales sur l'état actuel de la société, et indiquer les difficultés que l'on rencontre en étudiant l'ordre social, les sources où j'ai puisé mes renseignements, l'influence des révolutions et de la civilisation sur le peuple, les causes premières de la misère, du paupérisme et des crimes, ce qu'on a fait jusqu'ici pour en atténuer les effets, et enfin les moyens directs et indirects qu'offre mon système pour détruire ces trois éléments de désordre.

J'examinerai ensuite ce que sont maintenant les populations agricoles, que je distingue en trois classes, savoir : 1° les grands propriétaires, 2° les cultivateurs praticiens et les industriels agricoles, 3° les ouvriers et les artisans agricoles; et je ferai sentir, pour ces deux dernières classes surtout, l'urgence d'une nouvelle institution propre à leur donner l'instruction et le bien-être qui leur manquent, et à arrêter les ravages que fait la démoralisation.

Quelques considérations générales sur l'état actuel de la société.

Le malheur et la misère sont inhérents à notre nature : vouloir rendre tous les hommes bons et heureux est donc une chimère, mais il n'en faut pas moins arracher à cette fâcheuse destinée le plus grand nombre d'individus possible; c'est même un devoir. Tel est le but qu'ont voulu atteindre tous les bienfaiteurs de l'humanité. Malgré leurs généreux efforts, ils nous ont laissé beaucoup à faire, et nous n'en laisserons pas moins à ceux qui viendront après nous, parce que chaque génération a ses misères et ses maux particuliers, et doit avoir des remèdes appropriés à ce nouvel état.

Les éléments si divers et si multipliés dont la société se compose aujourd'hui rendent impossible, pour ainsi dire, d'en faire un tableau complet sous tous les rapports. Cette étude, si intéressante et si difficile, occupe plus que jamais les écrivains capables de traiter avec indépendance ce vaste sujet. Nos publicistes les plus distingués se livrent avec ardeur aux travaux d'économie politique, dont l'importance pour le bonheur des peuples est immense. J'ai médité leurs ouvrages, j'ai observé comparativement ce qui se passe autour de moi, et j'ai vu que, plus ou moins doué de l'esprit d'observation, celui qui étudie l'état social des nations subit facilement l'influence de sa position, de son état et de son âge; l'intérêt personnel se glisse à son insu, peut-être, dans le jugement des faits qu'il expose. C'est ainsi que, nos opinions politiques étant contrariées par les formes du gouvernement, nous attribuons les malheurs publics au système suivi par les hommes d'État; nous en prêchons même le renversement. Les fabricants, les commerçants, qui ne voient d'autre cause aux malheurs des temps que le peu d'extension du commerce, demandent tout ce qu'ils croient devoir leur être utile, au préjudice d'un autre commerce ou d'une autre industrie qui ne mérite pas moins la sollicitude du gouvernement. Les hommes religieux nous montrent un abîme que nous ne pouvons éviter qu'en recourant à la religion. Il suffit d'une différence d'âge pour voir différemment la société. Les vieillards, dont l'avenir se rétrécit chaque jour, ne nous font entendre que des éloges du passé; le présent n'a aucun charme pour eux, tout est changé, tout est mal; ils ne comprennent pas que les sociétés se modifient en se civilisant, et que nécessairement elles subissent cette loi de leur organisation. Les hommes virils ne voient que le présent; ils l'ont fait, ils tiennent

a en jouir et à le maintenir sans aucun nouveau changement. Les jeunes gens ont d'autres
sentiments, d'autres besoins politiques et sociaux
qu'ils ont hâte de satisfaire, sans avoir égard au
temps indispensable pour les obtenir graduelle-
ment et sans secousse. Cette disposition de l'esprit humain est exacte en général. Que conclure
de ces anomalies, sinon que les causes des maux
de la société sont loin d'être propres à chacun
en particulier, et que ce n'est qu'en agissant sur
l'ensemble que l'on peut y remédier? On peut si-
gnaler aussi des hommes exceptionnels qui sont
toujours au niveau des temps. Heureux les États
que de tels hommes gouvernent! Les premiers
dans les conseils, armés de la puissance de leurs
moyens, les lois et l'administration seront en
harmonie avec les vrais besoins du pays; il ne
surviendra aucune de ces crises que l'on appelle
révolution ou contre-révolution. Ces hommes
supérieurs sauront apprécier le degré de confiance que mérite une opinion selon la position
sociale de celui qui la manifeste par des paroles
ou par des écrits; et, sur un nombre considérable
de sentiments individuels, ils jugeront sainement
des opinions générales, ils s'arrêteront à celles
qui sont l'expression des besoins réels, ils auront
la force de repousser ces majorités qui n'expri-
ment que des besoins factices, et qui sont le ré-

sultat d'une erreur populaire ou de l'intrigue et de la ruse habilement employées par des hommes ambitieux. Nous ne savons que trop, pour le malheur des peuples, combien il est facile d'entraîner les masses et de les abuser sur les questions religieuses, politiques et commerciales.

Les différents organes qui prétendent faire connaître l'état et les besoins de la société étant la plupart sous des influences qui faussent leur jugement, j'ai consulté l'économie politique qui déduit ses principes, des faits matériels et positifs; son but est de faire connaître l'organisation des nations, les maximes fondamentales des gouvernements et des administrations, les vices de l'espèce humaine et les moyens d'en atténuer les effets. Elle a dû établir ses axiomes sitôt que les hommes se sont réunis pour vivre en société; on en trouve des traces dans les écrits qui nous restent des peuples civilisés les plus anciens, et son importance s'est accrue à mesure qu'ils sont devenus plus nombreux. Nous la voyons, de nos jours, à l'état de science, professée dans des écoles et enseignée dans des ouvrages *ex professo*. C'est à elle que nous devons nous adresser pour avoir des renseignements sur la société, puisqu'elle en fait son étude spéciale. La forme de notre gouvernement, qui appelle tous les Français à prendre une place plus ou moins immédiate à l'administration et à la direction du pays, leur fait une obligation d'étudier cette nouvelle science. Elle a produit, il est vrai, quelques utopistes, mais, en revanche, elle a fait faire des progrès à l'art de gouverner, et nous lui devons quelques-uns de nos hommes d'État.

Dans les faits exposés par les économistes, dans leur manière d'en expliquer l'enchaînement et dans les conséquences qu'ils en tirent, on trouve des contradictions qu'il faut attribuer sans doute à la différence des pays et des époques où chacun de ces savants observateurs a écrit. Considéré sous le point de vue politique, le monde est si vaste que l'esprit le plus doué de sagacité, de justesse et de profondeur n'en peut connaître qu'une partie plus ou moins étendue ; de là l'impossibilité de faire un traité d'économie politique et social applicable à tous les temps et à tous les lieux. A part quelques principes généraux, qui sont le fondement de toutes les sociétés bien organisées, tout est variable et doit échapper aux règles absolues. Espérons que cette science, par l'intermédiaire des chaires publiques qui sont ses organes en France, prendra un caractère pratique, c'est-à-dire qu'elle sera transmise à des hommes de savoir qui l'adapteront avec utilité aux choses publiques, aux besoins des propriétaires, des industriels et des commerçants. Déjà, sous le nom d'économie rurale, elle éclaire l'agriculture à l'institut de Grignon ; elle serait enseignée succinctement dans nos écoles secondaires par nos ingénieurs agricoles, qui rendraient ainsi plus complète l'instruction de nos élèves comme citoyens et comme agronomes.

Aux connaissances que j'ai puisées dans les ouvrages d'économie sociale et politique, j'ai réuni les enseignements de l'histoire et mes remarques personnelles. Une indépendance parfaite de caractère et de position m'a permis de juger avec impartialité ce que j'ai vu. Juré, électeur, membre de différents conseils, j'ai observé les facultés morales et intellectuelles des hommes; médecin, j'ai eu des rapports avec quelques-unes des personnes qui ont pris part aux affaires publiques; en outre, je soigne depuis vingt ans des ouvriers, des cultivateurs, des artisans, et je dois à ma profession de mieux les connaître que tous les individus qui sont en contact avec eux. J'ai donc été favorablement placé pour étudier surtout l'état actuel des classes agricoles dont je m'occupe exclusivement. Je gémis d'y voir tant de malheureux, je plains ceux qui souffrent, et je blâme la société qui, pour détourner les maux nombreux qui l'affligent, qui l'inquiètent, ne fait pas tout ce qu'elle peut faire pour prévenir les lamentables effets de la misère et des vices, et pour arrêter les désordres qui sont la conséquence de l'immoralité et de l'ignorance, contre lesquels j'indique des moyens d'atténuation dont l'efficacité n'est pas douteuse. L'étendue et la variété des misères auxquelles il serait encore possible de soustraire le peuple agricole occupent sérieusement mon esprit depuis nombre d'années, et je crois aux ressources que mon système offrirait pour son bien-être.

On n'est pas d'accord sur les motifs des plaintes qui retentissent de toutes parts, mais on convient unanimement qu'il y a souffrance générale. Je n'examinerai pas toutes les parties et tous les besoins si différents du corps social, ni les éléments qui composent notre gouvernement et s'ils sont en harmonie avec l'état actuel de la France constitutionnelle; je sens l'insuffisance de ma capacité pour aborder des questions d'une si haute portée, et je me bornerai à dire généralement qu'en effet, dans la classe moyenne agricole que j'ai sous les yeux, on remarque un malaise moral qui s'étend aux classes inférieures. C'est de ces dernières que je m'occuperai davantage : ceux qui travaillent de leurs bras, ceux qui tirent du sol ce qui pourvoit aux besoins de tous, doivent à bon droit nous intéresser le plus ; nous devons

surtout nous occuper de leur bonheur, puisqu'ils
sont incapables d'améliorer leur sort. Là, le mal
paraît dans toute sa nudité ; nous y trouvons des
hommes qui ne jouissent pas de toutes les facultés
accordées par la nature à l'espèce humaine, d'autres dont ces facultés sont perverties, et d'autres
encore dont les besoins matériels ne sont pas satisfaits. Voilà une partie des éléments de nos
révolutions, de nos émeutes, des crimes et du
paupérisme. Je sais que dans tous les temps des
plaies morales ont été signalées, elles sont de
l'essence de l'homme; mais il en est qui méritent
plus particulièrement notre attention , parce
qu'elles paraissent se rattacher principalement
à notre époque et avoir des causes nouvelles qui
agiraient sur notre avenir, si nous n'avions des
moyens d'en prévenir l'influence. Les crimes
entre autres, non les crimes politiques, mais ceux
qui atteignent les personnes et les propriétés, les
crimes, dis-je, ayant même égard à l'augmentation toujours progressive de la population, sont
beaucoup plus communs de nos jours qu'autrefois.
L'inflexible statistique nous montre, par des chif-
fres, que notre époque est plus féconde qu'aucune autre en actions criminelles, et ses conclu-
sions sont effrayantes quand elle expose que les
départements qui ont le plus de manufactures et
d'écoles primaires fournissent le plus d'accusés

aux cours d'assises. Cependant l'instruction ne peut être responsable de cette augmentation de criminels ; il y a ici coïncidence entre les faits et non dépendance. L'ouvrier industriel est placé dans des centres de population où les choses de première nécessité sont plus chères; il est entouré de personnes plus ou moins riches dont l'aisance est pour lui un objet d'envie; et si, favorisé par le travail durant un certain temps, il se trouve plus en argent, il prend par imitation des habitudes de dépense qui l'empêchent de faire des économies et qui rendent ses privations pénibles quand l'ouvrage vient à manquer. On conçoit que, dans cette disposition, un homme d'une moralité faible commette un vol et même un crime pour subvenir à des besoins réels ou factices. Ce qui prouve, comme l'a si bien exprimé M. Michel Chevalier, que l'instruction ne réprime les mauvais penchants qu'autant qu'elle est combinée avec l'habitude des bonnes mœurs et les sentiments religieux dont il est indispensable que les classes élevées donnent l'exemple.

Pour faire sentir les causes de cette turbulente inquiétude qui trouble la société, il ne suffit pas, selon moi, de l'observer d'une manière générale, il faut considérer chacune des parties qui la constituent. Les hommes naissent avec des be-soins en rapport avec leur organisation, et, pour satisfaire ces besoins, il leur a été accordé des facultés auxquelles ils ont la liberté de donner une direction bonne ou mauvaise. Que cette liberté d'action, qui porte au bien ou au mal, soit due à l'organisation du cerveau, ou qu'elle ait l'origine que notre religion lui donne, le fait n'en est pas moins admis par les métaphysiciens. Il résulte de cette manière d'être de l'homme, considéré individuellement, qu'il y a obligation imposée par sa nature de pourvoir à ses besoins, et liberté dans le choix des moyens propres à les satisfaire. Dans les sociétés primitives, les hommes n'avaient que des besoins limités; peu de facultés leur suffisaient pour y pourvoir; mais, dans nos sociétés très-civilisées, les besoins se sont multipliés, les facultés individuelles ont pris un grand développement ; si l'équilibre existe entre ces besoins et les moyens de les satisfaire, le bonheur et la tranquillité règnent. Malheureusement il n'en est pas ainsi ; il se trouve des hommes qui troublent l'un et l'autre, parce que les uns sont dans la pénible position de ne pouvoir faire subsister leurs familles, les autres parce qu'ils se sont créé des jouissances factices que le travail seul ne peut contenter. Les premiers souffrent des privations cruelles, les seconds emploient la ruse ou la violence pour remplir leurs désirs. Les progrès et l'esprit de notre civilisation poussant irrésistiblement au bien-être matériel, et nos besoins de toute nature étant augmentés dans toutes les classes, il faut que nos facultés ne restent pas stationnaires et s'étendent en proportion, pour qu'il y ait, autant que possible, harmonie dans l'ordre social. C'est donc une nécessité d'offrir des moyens de satisfaire ces besoins en augmentant la richesse du pays et en faisant marcher en même temps la société vers une amélioration morale ; autrement, si de grandes souffrances, individuelles d'abord, atteignent les masses, elles se traduisent ou par des révolutions que provoquent ceux qui, par ambition, par vanité, envient des droits politiques et civils dont ils ne jouissent pas, ou par des émeutes que des ouvriers excitent en demandant de l'ouvrage ou du pain. Alors les mauvais penchants, les mœurs dépravées, entraînent aux actes criminels ; il surgit des hommes corrompus, des pauvres, des vagabonds, des mendiants, fléau public que l'on appelle le paupérisme et dont les économistes n'ont pu parvenir encore à nous cacher les haillons. Nos institutions charitables si nombreuses, une bienfaisance inépuisable, n'empêchent pas cette plaie imminente de s'accroître tous les jours. Elle ne devrait atteindre que les malheureux qui, par des infirmités intellectuelles ou physiques, ne peuvent pourvoir aux premiers besoins de la vie, ou bien ceux qui n'ont pu par leur travail économiser pour leur vieillesse et qui n'ont pas de famille en état de les secourir. S'il en était ainsi, l'esprit de charité, ce sentiment qui porte à soulager celui qui souffre, cette providence des pauvres qui corrige les fâcheux effets des maux qu'entraîne la misère, suffirait et au delà pour venir à l'aide de tous, au moyen de nos hôpitaux, de nos hospices, de nos associations de bienfaisance si multipliées et si variées aujourd'hui. On conçoit que le paupérisme soit effrayant en Angleterre dont l'agriculture est à son apogée et dont l'étendue du territoire n'est pas proportionnée à la population ; mais en France où nous avons une immensité de terres incultes et de terres mal cultivées, comment pouvons-nous manquer de travail pour tous les bras inoccupés? Nos dépôts de mendicité pour les mendiants valides et ceux pour les mendiants invalides prouvent combien le gouvernement s'occupe de cette grave question ; il fait plus encore en faisant procéder au recensement général des pauvres avec des renseignements sur l'état moral et physique de chacun d'eux : ce travail fournira des lumières précieuses sur ce sujet. Des agronomes philanthropes et des administrateurs qui connaissaient les ressources de l'agriculture ont proposé depuis longtemps d'occuper les mendiants valides à l'exploitation de nos immenses terres incultes, à l'imitation de ce qui a été fait en Hollande. De semblables établissements, organisés sur une grande échelle et surtout dirigés par nos ingénieurs agricoles formés à notre école supérieure, rendraient provisoirement de grands services en attendant que mon projet d'instruction agronomique, destiné principalement à prévenir les crimes et le paupérisme, ait produit ce résultat.

Les principes de la misère et des crimes étant l'immoralité et l'ignorance dont la combinaison pousse inévitablement à l'un ou à l'autre, ont dû produire les mêmes effets dans tous les temps, et ont toujours détérioré l'espèce humaine sous les rapports du physique et du moral. J'ai dit que ces plaies sociales s'étendaient plus que jamais, je vais en exposer les causes capitales et prouver que l'exécution de mon système d'instruction agricole préserverait la société de la ruine qui la menace.

Plus un pays a éprouvé de secousses révolutionnaires, plus il est dans le malaise, parce qu'il contient nombre de mécontents blessés dans leurs affections on dans leurs intérêts, ou dont l'ambition n'a pas été satisfaite. L'inconcevable rapidité des nouvelles fortunes, les déplacements de position, les droits politiques et les fonctions

publiques exercés par des hommes nouveaux
dont souvent l'éducation n'est pas au niveau de
leurs devoirs, les goûts du peuple pour le luxe et
pour des dépenses au-dessus de ses moyens, enfin
son immoralité, qui est la conséquence d'une civilisation trop rapidement avancée pour lui et
dont l'excès devait être contraire à son bien-être,
sont autant de causes des maux que les violentes
crises politiques traînent après elles. La vie
des Français a été si fortement agitée depuis un
demi-siècle, il est survenu de si grands changements dans les rapports des différentes fractions
dont le corps social se compose, et ces changements sont arrivés si inopinément, que l'on peut
dire sans exagération que nous avons passé brus-
quement de l'état stationnaire à un état d'agitation continuelle qui a tout déplacé, et qui n'a pu
donner du bonheur à la nation, considérée en
masse, sans engendrer pour le peuple des maux
inévitables. Il n'en est pas moins incontestable
que les nouvelles institutions que nous avons
acquises ont fait du bien à la société en général ;
mais si je vois, et si je le dis ici, qu'au peuple
agricole surtout, dont je m'occupe spécialement,
nos révolutions ont fait du mal, quoique son intérêt ait toujours été invoqué par les réforma-
teurs, c'est que le calme politique et social dont
nous jouissons me semble favorable pour y

remédier. Avant 89, le peuple des campagnes vi-
vait ignorant et isolé ; il produisait peu, mais il
lui fallait peu pour exister ; il n'avait aucune
ambition, parce qu'il se croyait destiné à rester
où la Providence l'avait placé ; son état de dépendance pouvait être pénible pour quelques hommes
de cœur, mais ceux-ci mêmes s'y résignaient
quand l'autorité était exercée avec humanité.
Tout à coup un violent ébranlement politique
cause une grande commotion; on émancipe ce
peuple subitement, on pose en principe l'égalité
et on ne lui dit pas que l'on doit entendre par
égalité des hommes que chacun profite de son
travail et de ses biens quand il en est légitime
possesseur. Appelé, comme on a dit, *au grand
banquet de la civilisation,* il s'est présenté pour
profiter des jouissances qu'elle offrait ; mais ces
jouissances consistant en de nouveaux besoins
qu'elle ne lui donnait pas les moyens de satisfaire, il y a eu pour lui un malaise moral qui
s'est traduit en vols et en crimes de toute espèce;
ils lui étaient inconnus dans son état de simplicité et d'ignorance. Plus tard on a cherché à
persuader aux ouvriers et aux artisans agricoles
qu'ils avaient droit au sol autant que ceux qui le
possédaient, et ces idées ambitieuses, réveillées à
certaines époques, en maintiennent une partie
dans une agitation contraire à l'ordre public; elle

devient moins laborieuse, l'aisance des classes moyennes lui fait envie, et elle prend par imitation des goûts de luxe qui absorbent le produit de son travail au détriment de ses besoins de première nécessité : certes, une population placée dans de semblables conditions n'est pas heureuse.

Indiquerai-je aussi les funestes effets du vin, des liqueurs fortes, du tabac, etc., etc., dont l'abus a tant d'inconvénients ? Ces causes si communes de démoralisation se sont étendues dans une proportion effrayante, et en voici les conséquences : dégradation morale et physique de l'homme, désordre dans ses affaires et dans son ménage, maladies, infirmités, mort prématurée, ruine de la famille, enfants mal élevés, misères et crimes !

Il est donc certain que nos nombreux changements politiques et tous les bienfaits de la civilisation, loin d'avoir amélioré le sort de la classe populaire agricole, ont rendu sa condition plus fâcheuse, et cet ordre de choses a pour résultat sensible, aujourd'hui, l'augmentation des pauvres et des criminels, résultat plus inévitable encore quand l'infériorité intellectuelle se combine avec une absence totale de principes de moralité et de croyance religieuse. Pour ces êtres privés d'instruction, la religion avait des superstitions souvent grossières et que ne pouvaient approuver des hommes éclairés et religieux, mais il faut reconnaitre qu'en détruisant des formes en harmonie avec leur ignorance on a détruit le fond. En sont-ils meilleurs ? non assurément. Alors qu'ils étaient crédules, ils étaient honnêtes gens et moins malheureux ; leur foi en une autre vie les aidait à supporter les misères de la vie présente. Au lieu de leur retirer leur croyance, il fallait développer leur intelligence par une instruction à leur portée, leur imprimer des principes de moralité et leur inspirer une vraie dévotion. Les devins et les sorciers, qui les exploitent encore dans les campagnes, ne les prendraient plus pour dupes. Est-ce parce que les fausses idées religieuses sont ennemies de la religion, que certains philosophes qui voulaient la détruire dans les classes populaires leur ont laissé la superstition? Faisons des vœux pour que la portion actuelle de la société qui a le savoir et le pouvoir, mieux éclairée sur les causes des malheurs du peuple, en trouve le remède. Il est temps que l'on cesse de le préconiser, d'exalter ses vertus, son intelligence, et de publier qu'il n'y a rien de plus à faire pour son bonheur que de lui accorder des droits politiques. Je crois me montrer bien plus son ami en mettant à découvert son ignorance, son immoralité et leurs causes, et en donnant les moyens de l'instruire et de le moraliser. Sur cette voie je ne rencontrerai pas la popularité, mais je n'en serai pas moins vraiment populaire dans la bonne acception du mot. Je crois que, par l'agriculture perfectionnée et propagée, on peut arriver à une régénération morale et matérielle de la classe de la société qui en a le plus besoin. C'est à ce titre que mon projet a des droits à l'attention des hommes d'État, puisqu'il a pour but 1° de propager une instruction morale et religieuse, 2° d'occuper une multitude de bras oisifs, 3° d'augmenter la richesse du pays en multipliant tous les produits utiles au commerce et à l'industrie.

En étudiant l'histoire de la vie des peuples à toutes les époques, on voit que les désordres ont eu pour cause unique des besoins non satisfaits, parmi lesquels dominaient des besoins factices créés par de fausses idées politiques, ou par le luxe, ou par la débauche. Des lois sévères réprimaient les passions des méchants, mais elles ne suffisaient pas, et en voici la raison : Les sociétés de tous les temps ont toujours été divisées en plusieurs fractions ; la plus forte, soit par le nombre, soit par la fortune ou par l'intelligence, a été oppressive, et, quelle que soit la nature de la force qui a donné la puissance, cette puissance a été principalement employée à défendre plutôt une partie de la société contre les autres que la société tout entière. Éclairée par les progrès de la civilisation, la France a affaibli ce pouvoir exclusif et dominateur : maintenant, la justice règne et le gouvernement travaille au bonheur de tous. Aussi ai-je l'espoir qu'il accueillera et mettra à exécution mon système d'instruction agricole, qui préviendra les crises industrielles et commerciales que nous avons à déplorer trop souvent, quoique nous ayons des douanes, des encouragements, des écoles pour l'industrie, des chambres de commerce et des tribunaux spéciaux. Nous avons aussi, pour sévir contre les délits, des juges, des tribunaux, des prisons; vains efforts! la répression ne peut suivre la progression des crimes; ils ne s'en multiplient pas moins; et dans cette lutte inégale entre le criminel et la loi, celle-ci recevant chaque jour de rudes atteintes, la société n'a plus de sécurité. Que serait-ce donc si ces lois de répression n'existaient pas? Elles doivent être fortes, énergiques, en rapport enfin avec la démoralisation profonde qui trouble l'ordre social. Ces maux changeant de caractère et de forme avec le temps, il est indispensable que certaines lois soient abrogées et que de nouvelles soient faites. Elles ne peuvent avoir d'efficacité préventive sur l'individu qui est tenté d'être coupable, qu'en l'effrayant par la gravité de la peine. Alors elles agissent sur lui comme les menaces de punition sur un enfant vicieux : ainsi la loi réprime, mais ne corrige pas. La morale, combinée avec les principes religieux, et des institutions du même caractère peuvent seules arrêter l'accroissement de nos misères sociales. Les intentions des hommes qui demandent l'affaiblissement de certaines lois criminelles sont certainement très-respectables, mais ce n'est pas lorsque les crimes se commettent avec cette intelligence féroce qui les fait remarquer, que l'on doit désarmer la société; avant tout, il faut que les hommes soient moins pervers : aussi dans sa sollicitude et indépendamment des moyens de répression qu'il a en son pouvoir, le gouvernement a ordonné que tous les enfants recevraient une instruction morale et religieuse ; il veut que ceux qui travaillent dans les manufactures et les fabriques soient surveillés autant sous le rapport moral que sous le rapport physique; il a fait essayer un nouveau système pénitentiaire dans les prisons; il fait donner une instruction morale et industrielle aux jeunes détenus avant l'âge ; il en a confié un certain nombre à M. Demetz, qui leur donne une sorte d'éducation rurale. Les écoles de sciences, d'arts et métiers, d'industrie et de commerce pourvoient à l'éducation professionnelle d'une partie de notre jeune population.

Certes, je suis loin de contester tout le bien que ces mesures doivent produire, elles attaquent le mal dans sa racine et nous prouvent que le pouvoir cherche des moyens efficaces pour prévenir les crimes. C'est parce que je crois avoir bien compris sa pensée si profonde, que j'ai développé tous les avantages de mon projet d'instruction agricole pour l'amélioration des masses et la prospérité du pays.

Dans les passions antisociales des êtres qui se portent à des actes illicites, soit par un sentiment de vengeance cruelle, soit pour s'approprier le bien d'autrui, on distingue plusieurs degrés de criminalité, mais quels qu'ils soient, on les comprend tous sous le nom d'immoralité. L'étude de l'homme a appris qu'il en est d'assez mal organisés pour avoir une tendance naturelle au crime, et que cette disposition peut être prévenue par des circonstances qui peuvent changer sa nature. Plaignons ces malheureux et ne négligeons rien de ce qui peut les soustraire à leur affreuse destinée; plaçons-les dans des conditions convenables, offrons-leur une existence assurée par un travail qui ne manquera jamais et qui détournera leur esprit des pensées funestes dont l'oisiveté est la mère. L'agriculture seule peut rendre à la société ce service important que l'on demanderait inutilement à d'autres institutions. J'ajouterai encore que tous les gouvernements ont des ennemis actifs, intelligents, instruits, dont les besoins politiques, l'ambition ou le luxe ne sont pas satisfaits ; ils font naître des causes de sédition, ils excitent les soulèvements en exploitant de grandes souffrances ou un mécontentement général. L'expérience de nos cinquante dernières années devrait cependant avoir appris à la multitude appelée à prendre part aux luttes politiques, sous le prétexte de son bien-être futur, que les agitateurs profitent seuls des révolutions et que la classe populaire, qu'il a fallu démoraliser pour en faire un instrument docile, rentre dans sa position ordinaire avec plus de besoins et moins de principes religieux ; et si alors la misère l'atteint, elle cède à tous ses mauvais penchants et forme encore une armée toute prête à suivre le premier drapeau de révolte qu'on lui présentera : mais, lorsque le peuple est heureux, il est sourd aux cris qui l'excitent à des mouvements de violence. Une bonne administration de l'agriculture détournerait ces calamités publiques en exerçant une action morale sur les hommes, en multipliant le travail et tous les produits de première nécessité.

J'ai démontré que les maladies du corps social se lient entre elles, se tiennent, s'engendrent mutuellement et qu'elles ont une origine commune. L'immoralité et l'ignorance, seules ou combinées, les produisent toutes, quels que soient la forme et le nom sous lesquels elles se montrent; j'en conclus que tout ce qui tend à la fois à moraliser et à instruire est utile à la société. C'est donc avec une entière confiance que je présente mon système agricole, qui produira directement ce double effet sur les populations de la campagne et indirectement sur le reste de la société. Il réglera les besoins qu'elles éprouvent, elles en auront moins d'inutiles et aucun de dangereux; tout homme valide pourra gagner sa vie par son travail dans tous les temps, dans tous les lieux; il n'y aura plus en France de bras inoccupés sur cette terre sans bornes, pour ainsi dire, dont les produits n'ont d'autre terme que l'intelligence de celui qui la cultive, et qui non-seulement peut satisfaire tous nos besoins de première nécessité, mais aussi tous ceux que fait naître la civilisation. Ce ne sont pas des lois pénales plus redoutables que je demande, je propose un moyen nouveau pour diminuer le nombre des pauvres et des criminels. Ce moyen, que je crois infaillible, répondrait en outre à toutes les améliorations dont notre économie rurale éprouve le besoin.

Première classe agricole.

Quoique le nombre des grands propriétaires de terres soit diminué, tant par l'effet du morcellement des biens nationaux et des biens du clergé que par l'abolition du droit d'aînesse, il en existe encore assez pour qu'ils soient considérés dans la société comme un corps à part qui a ses intérêts particuliers. La statistique nous apprend bien que le nombre des petits propriétaires augmente journellement, mais la France n'en aura pas moins toujours de grandes propriétés territoriales, et le système d'instruction agricole que je propose ne peut qu'être favorable à leur conservation.

Avant 89, les biens de la noblesse et du clergé, qui comprenaient la plus grande partie de notre sol, étaient inaliénables; leurs possesseurs ne songeaient point à en augmenter les revenus, et ils reconnaissaient que leur grande fortune les obligeait à répandre autour d'eux des secours à ceux qui en avaient besoin. Quelques-uns ont entrepris d'améliorer diverses cultures; mais la théorie et la pratique de la science agronomique, si peu avancée alors, leur faisant faute, tous leurs essais partiels ont été malheureux ; l'agriculture est restée stationnaire jusqu'au jour où la révolution a détruit les entraves que la féodalité opposait à ses progrès.

Après cette époque et la grande perturbation qu'elle fit souffrir aux grandes propriétés, il n'en resta plus qu'un petit nombre dans les mains des anciens possesseurs et à des conditions nouvelles. Les terres nobles, ayant perdu tous leurs droits privilégiés, devinrent des terres aliénables, et, de ce moment, le contrat tacite subsistant entre le seigneur et ses vassaux cessa d'exister ; une multitude d'hommes habitués à avoir les choses nécessaires à la vie avec peu de travail, et dont les besoins augmentèrent par l'effet de leur émancipation subite, se trouvèrent tout à coup plongés dans la misère. Bientôt cette population agricole, excitée par les principes qui avaient cours dans ces temps déplorables, se porta à tous les excès : elle détruisit d'abord les grands établissements d'agriculture parce qu'ils avaient appartenu à des riches ; mais, bientôt, l'avidité remplaçant la fureur, on ne voulut plus détruire les richesses des autres, mais les prendre pour soi, et nul ne sait ce que seraient devenus les grands domaines publics s'ils n'eussent été mis sous la garde des commissions nommées à cet effet.

Maintenant qu'une suite d'événements presque miraculeux a ramené la France, après des malheurs dont l'histoire n'offre guère d'exemples, à un degré de splendeur et de puissance dont elle en offre encore moins, il faut donner aux grands propriétaires tous les moyens de s'instruire, et les poser dans la position la plus honorable vis-à-vis de ceux qui cultivent la terre. Leur supériorité intellectuelle, leur fortune et leur moralité, les placent naturellement au sommet de la société; leurs rapports avec les habitants des campagnes ne sont plus, il est vrai, les mêmes qu'autrefois, mais ils doivent se garder de rester indifférents à leur bien-être, et malgré les changements que les révolutions et la civilisation ont apportés dans nos mœurs et dans nos opinions en économie sociale et politique, ils conserveront une puissante autorité morale sur les gens de la campagne, si, indépendamment de leurs études classiques, ils veulent se livrer à l'étude de l'agriculture telle qu'elle serait enseignée dans notre école supérieure dont j'ai démontré tous les avantages dans mon second chapitre : alors ils sauraient tout le parti que l'on peut tirer de la terre dans leur propre intérêt et dans celui du pays. Je ne veux pas dire qu'ils devraient avoir autant d'instruction que nos ingénieurs agricoles, mais ils en auraient assez pour donner une bonne direction à leur grande culture et choisir des fermiers instruits, intelligents, auxquels ils ne craindraient pas de confier des capitaux, car il n'y aurait pas de placements plus sûrs. Il est facile de comprendre l'impulsion qu'imprimerait à l'agriculture de sa contrée un grand propriétaire foncier qui propagerait ainsi l'instruction agricole ; il ferait le bonheur des ouvriers cultivateurs en occupant plus de bras ; l'augmentation des produits de toute nature lui permettrait d'élever le salaire des journaliers, et il ferait vivre leurs familles dans l'aisance. En améliorant leur sort, il recouvrerait toute son influence, et celle-ci ne lui serait pas arrachée par des révolutions, parce qu'il la devrait autant à ses qualités personnelles qu'à sa fortune; ceux auxquels il ferait du bien n'en seraient pas humiliés, car ce bien lui serait rendu par un travail qui augmenterait ses revenus; entouré d'hommes libres, actifs, laborieux, formés dans nos écoles secondaires, ce propriétaire, régénéré par une éducation presque professionnelle, jouirait d'une considération immense et bien méritée. Ses bienfaits consacreraient son autorité morale, et il aiderait à établir cette stabilité vers laquelle la société gravite.

Les progrès que l'art de cultiver la terre a faits depuis quelques années ont éveillé l'attention de plusieurs grands propriétaires ; ils ont étudié l'agronomie théorique et pratique comme sujet d'occupation, ou comme moyen d'augmenter leurs biens, puis ils ont favorisé la propagation des nouvelles connaissances acquises jusqu'à ce jour. Ceux-ci ont reconquis déjà une grande influence dans leur localité où ils s'attirent chaque jour les bénédictions du pauvre. Il est à regretter que ces hommes qui concourent si puissamment à la prospérité de la France soient si peu nombreux. J'ai lieu de croire que l'école supérieure que je propose de fonder selon mon système en augmenterait le nombre ; l'agriculture en recevrait une grande impulsion dont l'effet certain serait de contribuer au bienêtre des cultivateurs en améliorant leurs mœurs. Ainsi nous avancerions vers cette époque heureuse où la science, la richesse et l'industrie, s'aidant mutuellement, porteront le bonheur de l'homme au point qu'il lui est accordé d'atteindre sur la terre.

DES CULTIVATEURS PRATICIENS ET DES INDUSTRIELS AGRICOLES.

Influence de mon système d'instruction sur cette deuxième classe d'agriculteurs.

Les agriculteurs de cette seconde classe composent en grande partie dans les campagnes ce que l'on appelle la classe moyenne. Ils ajoutent aux forces physiques qu'ils ont reçues de la nature celle de leur intelligence, et ils les emploient à faire valoir leurs capitaux ou ceux d'autrui en cultivant la terre, ou en exerçant une industrie sur ses produits ; c'est en quoi ils diffèrent des ouvriers agricoles. Cette seconde classe est d'autant plus nombreuse, que les propriétés sont plus divisées. La révolution de 89 ayant tout d'abord multiplié à l'infini ces petits propriétaires par les ventes qui ont morcelé les biens nationaux et les biens du clergé, les plus intelligents ont acheté les terres des moins habiles ou des moins heureux, et c'est ainsi que nous voyons tous les jours un cultivateur augmenter son capital foncier, en même temps que celui de son voisin diminue : ce fait est un puissant argument contre ceux qui prêchent le partage des biens.

Ces cultivateurs, émancipés par la fortune, étaient alors tout à fait ignorants ; aujourd'hui, les plus jeunes ont presque tous une instruction suffisante pour défendre leurs intérêts ; ce qui manque essentiellement au plus grand nombre, c'est une éducation en rapport avec leurs droits politiques, et qui les mette au niveau des fonctions publiques que notre régime représentatif leur impose ; ils ont aussi besoin de préceptes agricoles pour faire arriver les produits du sol à la plus grande quantité et avec le moins de frais possible selon les diverses natures de terre, le climat, les besoins de la localité et ceux de l'industrie et du commerce; ils ont sur la société une grande action, car ce sont eux qui répandent les richesses obtenues par l'agriculture et les produits industriels qui en proviennent; ils décident des majorités dans les élections; ils sont membres du jury; ils forment les conseils qui aident et contrôlent les différentes autorités locales; ils sont réellement une puissance dans l'État, et pourtant l'incapacité de la plupart comme électeurs, comme jurés, comme administrateurs communaux, ne peut être niée que par ceux qui les exploitent. De plus, les mœurs de certains de ces cultivateurs propriétaires sont d'un exemple pernicieux dans les campagnes. Chez tous, les bons principes ne se sont pas développés en même temps que leur fortune s'est accrue; il en est qui, sortis des rangs du peuple, se montrent durs, exigeants et injustes envers les ouvriers dont le travail fait leur richesse; d'autres, fiers de leur aisance, se posent en esprits forts et affichent une grande indépendance religieuse qui réfléchit sur leurs inférieurs; les sarcasmes employés par les encyclopédistes, les Voltaire, les Rousseau et autres pour saper les fondements de la religion, ont été mis à leur portée, et nous en recueillons les fruits amers : les hommes de bien sentiront les conséquences antisociales qui résultent de la propagation de cette fausse philosophie.

Il faut une sorte de courage pour parler ainsi de cette portion agricole de notre grande classe moyenne, et pour oser dire qu'elle manque de lumières et souvent de moralité. Mais je suis étranger à ces détours par lesquels on croit être forcé de passer pour arriver au bien; si je m'exprime à cet égard avec autant de franchise, si, avec toute la puissance de ma raison, je rends évidentes les qualités dont certains cultivateurs propriétaires sont dépourvus, c'est que je les voudrais tous à la hauteur de leur position sociale qu'ils n'atteindront qu'en s'instruisant. J'en connais dans ma contrée qui pourraient servir d'exemples; ils ont profité des avantages d'une bonne éducation, ils se tiennent autant que possible, au courant des progrès de l'agriculture et ils ont aussi les qualités morales essentielles aux bons maîtres et aux bons citoyens; mais, malgré l'extension de l'enseignement public, ce n'est pas le plus grand nombre des hommes de cette classe qui possède l'instruction nécessaire; les autres en apprécient si peu l'utilité pour leur état, que, s'ils font donner à leurs enfants une bonne éducation, ils les dirigent aussitôt vers une autre carrière. Cette opinion, généralement établie, que l'agriculture est la plus simple et la plus aisée des professions, explique pourquoi les agriculteurs praticiens, toujours rebelles aux progrès, suivent la routine et résistent à tous les moyens d'amélioration qui leur sont offerts. Il s'ensuit que n'étant pas exercée par des hommes suffisamment instruits, l'agriculture ne jouit pas de la considération qui lui est due, ne serait-ce que par les services qu'elle rend.

Pour ces cultivateurs propriétaires, comme pour les ouvriers et artisans des campagnes, je parle toujours d'instruire et de moraliser; c'est que l'ignorance et l'immoralité sont les causes premières des tristes résultats que je déplore. Éclairer ces agriculteurs sur les graves inconvénients qui résulteraient pour eux de ne pas s'instruire et de rester indifférents au bien-être du pauvre, c'est assurer l'avenir social du pays; il y aurait donc péril à négliger les moyens que je propose pour développer l'intelligence de leurs enfants et pour les diriger jusqu'à vingt ans dans cette voie morale et religieuse dont les principes élémentaires doivent leur être inculqués dans les écoles primaires, si les maîtres de ces écoles sont bien pénétrés de l'esprit de cette belle institution. Mais en est-il toujours ainsi ? D'ailleurs, les bons principes que ces enfants y auraient puisés ne

seront-ils pas détruits bientôt par les mauvais
exemples qu'ils auront trop souvent sous les
yeux à leur retour chez leurs parents? J'ajouterai
que, sous le rapport de la culture, ils n'appren-
nent de leurs pères qu'à repousser toute espéce
d'amélioration, et c'est pourquoi l'ignorance
routinière se perpétue. Il en serait bien autrement si ces enfants, sortant des écoles primaires,
étaient reçus dans nos fermes-modèles organisées comme je le demande ; ils y deviendraient
des cultivateurs instruits, d'habiles industriels
agricoles qui auraient puisé dans notre instruction les principes de l'honnête homme et du bon
citoyen ; ils amélioreraient et multiplieraient
dans leur localité les produits de l'agriculture ;
ils occuperaient plus de bras ; ils répandraient
l'aisance autour d'eux et propageraient les bons
principes ; ils apporteraient dans l'exercice
de leurs devoirs politiques une indépendance
éclairée, ils exerceraient les fonctions muni-
cipales dans le sens des améliorations, du progrès, de l'utilité générale et de l'humanité ;
ils éviteraient les contestations ruineuses et les
procès qui troublent le bonheur des familles ; ils
donneraient à leurs enfants une éducation morale
et religieuse et une bonne instruction agricole ;
leurs subordonnés, dont les services seraient appréciés et récompensés, regretteraient moins leur

pénible sort ; l'agriculture serait honorée comme elle doit l'être dans la personne de l'agronome praticien et de l'industriel agricole.

DES OUVRIERS ET ARTISANS AGRICOLES.

Troisième classe d'agriculteurs.

Ces ouvriers, qui exercent la profession connue sous le nom de journalier, forment la partie la plus considérable de notre population ; elle a autant d'importance que d'influence sur l'état général de la société dont elle est la base ; elle est composée de tous ceux qui travaillent à la terre ou aux arts qui en dépendent, soit qu'ils consistent à manipuler ses produits ou à fabriquer les instruments aratoires.

Cette classe si nombreuse, si utile, mérite tout notre intérêt ; elle a été de tous temps moins observée que celle des ouvriers industriels des villes, parce que sa dissémination et son individualité isolée se prêtent plus difficilement à l'observation ; elle est donc moins connue de nos hommes du monde, de nos hommes d'État, et les économistes en ont une idée qui n'est pas toujours exacte. On croit encore à la pureté des mœurs actuelles des habitants de la campagne et au bonheur que procurent les travaux champêtres : c'est une grande erreur, et elle sera reconnue par tous ceux qui vivront avec eux dans une sorte d'intimité.

Parmi ces ouvriers, il en est qui ont un peu de terre, mais le plus grand nombre n'en a point, et c'est le travail journalier qui seul subvient aux besoins de tous les jours. Le produit de ce travail est très-borné ; il est proportionné ordinairement au prix des objets de première nécessité, c'est pourquoi il varie selon les temps et les lieux. Si, par une cause quelconque, le travail diminue ou cesse, ou bien si les besoins augmentent, il y a privation des choses nécessaires à la vie et la misère survient. Les maladies, les infirmités, un grand nombre d'enfants, sont encore des causes naturelles et inévitables de ce fâcheux résultat ; mais, si à ces causes se joignent des infirmités intellectuelles, des passions propres à notre nature ou une existence malheureuse au sein d'une société civilisée, alors, de plus qu'une extrême indigence, nous voyons des désordres qui sont plus marqués, il est vrai, chez l'ouvrier des villes, mais qui n'en existent pas moins chez l'ouvrier agricole. L'influence de ces causes, séparées ou réunies, engendre les vices ; les déréglements altèrent la santé ; le physique et le moral subissent une détérioration plus ou moins prononcée ; le retour aux bons principes et au travail n'est plus possible et la misère est au comble. L'homme

que l'ignorance seule a plongé dans cette situation lamentable est ordinairement dans un état
d'affaiblissement intellectuel qui le rend moins
sensible à ses maux que ceux qui en sont les
témoins; il excite la pitié, on l'aide, il reçoit des
secours. C'est ainsi que nous avons parmi nous
tant de pauvres qui consomment peu, qui ne
produisent pas et qui reçoivent l'aumône; on
conçoit le tort immense qu'ils font à la société
sous ces trois rapports. Il n'en est pas de même
de l'ouvrier à passions vives, à besoins extra-
naturels, qui ne veut rien faire pour gagner les
moyens de satisfaire ses goûts de jeu, de luxe, de
débauche ou d'ivrognerie. Celui-ci n'inspire aucune compassion et la charité publique l'aban-
donne. Trop fier quelquefois pour demander,
trop paresseux pour travailler, il trompe, il vole,
il lui faut de l'argent à tout prix, et bientôt il
devient criminel.

Voilà donc des hommes en grand nombre en-
tourés de causes qui tendent à les pousser dans
la misère ou dans le crime! et nous convenons
que l'on ne peut y soustraire la génération présente, quoi que l'on fasse! Du moins travaillons
pour l'avenir de ses enfants, préservons-les des
malheurs qui sont la conséquence de l'ignorance
et de l'immoralité. Je l'ai dit plusieurs fois et je
le répète encore, la civilisation, qui a tant favo-

risé les classes moyennes, n'a fait aucun bien aux classes inférieures, parce que, en développant leurs passions, elle n'a rien ajouté à leurs facultés naturelles pour satisfaire leurs nouveaux besoins. C'est à développer ces facultés que j'emploie mes plus grands efforts ; ce but que je me suis proposé serait atteint par l'exécution de mon système, qui assurerait à la nouvelle génération agricole une meilleure destinée.

Les écrivains qui ont précédé et préparé les changements mémorables et violents qui ont agité la France ne savaient pas, sans doute, combien ils nuisaient au peuple en lui apprenant ses droits sans lui apprendre ses devoirs, et en lui retirant sa foi religieuse, seul frein qui pût modérer ses passions. Susciter des tempêtes révolutionnaires n'est pas travailler au bonheur des masses. Cela est si vrai, que, depuis cette époque, les pauvres et les criminels sont plus nombreux que jamais. Il en sera toujours de même quand, pour modifier ou pour changer un gouvernement, on se servira de la multitude, en exaltant sa misère et en lui faisant entrevoir la possibilité d'une vie meilleure pour elle. La société, reconstituée aujourd'hui, gémit de l'état actuel des classes populaires; elle voit qu'elle ne peut améliorer la génération présente, elle veut agir sur la génération future, et, pour arrêter les progrès

des maux qui sont la conséquence de tant d'immoralité, de tant d'ignorance, elle encourage l'é-
tablissement des salles d'asile; il a fallu cette
belle loi sur l'instruction primaire et celle pro-
posée aux chambres en faveur des jeunes ouvriers
des fabriques et des manufactures. Ces lois ont
pour but d'améliorer l'état matériel et moral des
enfants du peuple. Nous voyons encore les cais-
ses d'épargne établies dans les villes y exercer
une influence favorable sur la classe ouvrière
par l'esprit d'ordre, d'économie et de prévoyance
qu'elles lui inspirent et qui ne laisse guère de
place aux goûts contraires. Des institutions semblables ne peuvent exister pour les ouvriers des
campagnes à cause de leur dissémination; d'ailleurs, leurs gains sont si bornés qu'ils ne peuvent faire des économies, et cependant il y a
moins de pauvres dans les pays agricoles que
dans les pays manufacturiers. Cela tient à ce que
les premiers sont moins civilisés et qu'il leur
suffit de peu pour n'être pas dans la misère; tan-
dis que les seconds ayant des besoins factices,
qu'ils ne peuvent satisfaire qu'à prix d'argent,
tombent bientôt et plus profondément dans ce
déplorable état qui exige tous les secours de la
charité chrétienne.

On voit que l'autorité veille au bien-être de la
classe ouvrière des villes; les hopitaux, les hos-

pices ne s'ouvrent que pour elle. Rien d'analo-
gue n'est fait pour nos campagnes; elles ne profitent donc que de l'instruction primaire, encore
faut-il attendre qu'elle porte ses fruits; elles sont
dénuées de toutes les autres ressources. C'est
pour y suppléer que j'ai conçu mon système qui
préviendrait à l'avenir les maux de cette troisième classe agricole, parce qu'une partie des enfants de ces ouvriers pauvres, sortant des écoles
primaires, recevraient dans les fermes-modèles
départementales une instruction professionnelle
et morale. On ne peut douter des bons effets que
produirait cette éducation. Ces jeunes gens auraient, par suite, une grande influence sur leurs
contemporains; ils élèveraient bien leurs enfants;
sobres et laborieux, leur santé serait meilleure;
ils n'auraient aucun goût pour les dépenses inutiles; ce seraient des hommes d'ordre et de paix
qui concourraient à la prospérité générale et au
maintien de la tranquillité du pays; dès lors
moins de pauvres, moins de crimes, et les dépenses publiques qu'occasionnent ces deux fléaux
diminueraient sensiblement.

L'ignorance grossière dans laquelle croupit,
depuis des siècles, la classe pauvre des cultivateurs est la première de toutes les causes de ses
privations; le sol favorable qu'elle foule aux
pieds ne demande que de l'intelligence et de

l'activité pour produire, et souvent elle manque de pain et ne mange presque jamais de viande! Et, quoi qu'en aient dit certains philosophes, cette alimentation est indispensable à l'homme qui se livre aux rudes travaux des champs : sa nourriture insuffisante, ses vêtements qui le couvrent à peine, son habitation insalubre, sont autant de sources de maladies et d'infirmités qui comblent la mesure de ses maux. Le malheur de cet homme, si digne de pitié, entouré qu'il est d'une famille qui partage ses souffrances, cesserait aussitôt que l'instruction agricole descendrait jusqu'à lui ou jusqu'à ses enfants par l'intermédiaire de nos fermes-modèles. Une culture bien entendue donnerait une augmentation de produits d'une meilleure qualité, et comme la diminution du prix des denrées de première nécessité est la conséquence de l'abondance de tous les aliments nécessaires à la vie, la nourriture des ouvriers serait meilleure, ils seraient mieux vêtus, mieux logés, il n'y aurait plus de misère sous le chaume. Il en résulterait une amélioration progressive dans leur état physique ; le cultivateur pauvre, mais auquel le travail ne manquerait jamais, pourrait se nourrir de viande ; elle serait à bon marché, je l'ai dit déjà, si mon système d'instruction pour toutes les classes d'agriculteurs était propagée en France.

RENSEIGNEMENTS SUR L'INSTRUCTION

DE

L'INSTITUT ROYAL AGRONOMIQUE DE GRIGNON.

Je dois la plupart de ces renseignements à l'obligeance de messieurs les professeurs de Grignon, mes collègues. Les uns m'ont donné des notes propres à prouver l'utilité pratique de leur enseignement appliqué à l'agriculture, d'autres m'ont remis leur programme adopté par le conseil d'administration : j'ai puisé aussi, dans les annales que publie cet établissement, tout ce qui m'a semblé propre à faire connaître l'étendue et la variété des connaissances qui y sont enseignées.

Cet exposé sera terminé par une note essentielle sur l'établissement de l'école d'agriculture, sur ses progrès et ses résultats ; les épreuves auxquelles les élèves sont soumis pour obtenir le diplôme de l'institut y sont indiquées : cette note m'a été communiquée par M. le professeur **Caillat**, principal de l'école.

PROGRAMME DU COURS DE MATHÉMATIQUES
PROFESSÉ PAR M. A. *Erembert.*

Ce cours se fait *en deux années*; il se compose de leçons, d'interrogations et d'exercices pratiques.

Au commencement de chaque leçon, le professeur interroge indistinctement plusieurs élèves sur les matières qui ont fait l'objet de la leçon précédente, il voit s'il a été compris; il appelle de nouveau leur attention sur les points les plus importants; il entre, s'il est nécessaire, dans de nouveaux détails pour faire saisir tout ce qui n'a pas été parfaitement compris; il s'assure ainsi du travail des élèves, il juge de leurs progrès, il stimule ceux qui se relâchent et encourage ceux qui faiblissent. Après cette interrogation, qui a l'avantage de lier les leçons les unes avec les autres, le professeur dicte le programme de la leçon qu'il va faire et passe à l'exposition des matières qui y sont détaillées. Les leçons, lorsqu'il y a lieu, sont immédiatement suivies d'exercices pratiques exécutés sous la direction du professeur.

Première année. Depuis que l'on exige que les élèves connaissent, à leur entrée à l'école, l'arithmétique et les trois premiers livres de géométrie, le professeur commence son cours par l'application, à l'agriculture et aux arts agricoles, des connaissances géométriques qu'ils possèdent : il leur enseigne la mesure des surfaces, le tracé et la mesure des lignes droites sur le terrain, l'usage des jalons et de la chaîne métrique, de l'équerre ordinaire et de l'équerre d'arpenteur, du compas, du rapporteur, du graphomètre ; le tracé de circonférence, d'arcs de cercles sur le terrain, la détermination du centre de circonférence et d'arcs de cercles tracés ; l'arpentage des champs, bois, marais, étangs, etc. etc. ; calculs relatifs à l'arpentage ; lever des plans à l'équerre et à la chaîne, au graphomètre et à la chaîne ; usages divers du graphomètre. De la planchette ; lever à la planchette. De la boussole ; lever à la boussole. Construction des échelles. Partage des propriétés agricoles. Application agricole de l'étude des lignes situées d'une manière quelconque dans l'espace : des plans, de leurs combinaisons ; des solides, de leur mesure. Des sections coniques. De la théorie et de la pratique du nivellement. De la méthode des projections, de ses usages ; ses applications au dessin des machines. Cubage des divers solides, pierres de taille, moellons ; cailloux, sables, terres, déblais et remblais, meules, fumiers, arbres sur pied, arbres abattus, poutres, charpentes, bois à brûler, routes, digues, etc.; évaluation de la capacité des chariots, charrettes, tombereaux, brouettes, seaux, mares, silos, granges, greniers; calculs relatifs à ces cubages. Détermination du poids des corps par la géométrie; applications variées. Définitions et notions relatives aux lignes trigonométriques; exposition de quelques-unes de leurs propriétés principales.

Dessin linéaire : première année.

Exercices pour donner l'habitude de la règle, de l'équerre, du compas : courbes à la main.

Copies de dessins de bâtiments, ferme, outils, instruments aratoires ; machines employées dans les arts qui se rapportent à la culture, exécutées à des échelles différentes, réductions et amplifications.

Dessin des plans levés, exécution des profils pris dans les exercices pratiques de la géométrie.

Dessin linéaire : deuxième année.

Levers de plans de bâtiments, outils, instruments, machines qui se trouvent dans l'institut ; exécution des dessins relatifs.

Statique : deuxième année.

Notions préliminaires, définitions. Composition et décomposition des forces de même direction et des forces parallèles ; application aux attelages et à la disposition des palonniers. Composition et décomposition des forces concourantes ; applications nombreuses et variées. Tirage et régulateur des instruments aratoires ; comparaison des araires avec les charrues à avant-train, etc., etc. Théorie des mouvements des forces. Recherche des conditions d'équilibre; centre de gravité; équilibre stable et instable ; relations entre le volume, le poids, la masse et la densité ; applications diverses : chargements des voitures, transport des bois, etc., etc. Équilibre dans les machines simples. Du levier, de la charge, des appuis ; application de divers genres de leviers ; de la balance et de sa construction; de la romaine et de ses emplois en culture; du peson, de la balance suédoise; de la poulie mobile, de la poulie fixe ; considérations pratiques sur les poulies. Des charrues à leviers; exercices sur ces diverses machines. Du treuil, du tour, du cabestan, des tours coniques; applications relatives au treuil, calculs relatifs à cette machine. Détermination de la charge des appuis. Du plan incliné, de la charge du plan ; applications à la conduite des voitures, à la forme des versoirs, etc., etc. Principes des vitesses virtuelles pour les trois machines simples ; équilibre dans les machines composées. Système de leviers ; des leviers chez les animaux ; bascule de Grignon. Balance agricole basée sur le peson, balance de Sanctorius, etc., etc.; système de poulies, moufles, tours, roues dentées. Théorème relatif aux rouages ; applications à la transmission du mouvement dans les machines. Du cric simple et du cric composé ; tour et poulie, chèvres, grues, tour et plan incliné. Le haquet, le fardier, le trique-bale. De la vis et de ses applications. Du coin, applications diverses. Coutres, socs, faux, faucilles, instruments tranchants, etc., etc.

Dynamique.

Notions préliminaires ; définition des divers mouvements, étude du mouvement uniforme ; mesure des forces par leur quantité de mouvement ; applications. Du mouvement varié ; étude du mouvement uniformément varié ; chutes des corps, applications industrielles. Mouvement d'un corps soumis à l'action de plusieurs forces. Chute des corps sur des plans inclinés ; application aux prises d'eau des roues hydrauliques. Du mouvemement circulaire autour d'un point, autour d'un axe. Force centrifuge; conduite des voitures dans les tournants; raccordement des routes et des chemins qui changent de direction; routes en pays de montagne. Application, aux manéges, du centrage des corps qui tournent; modérateur à force centrifuge, des volants et de leurs usages. Communication du mouvement dans les machines; de la force vive. Choc des corps durs, choc des corps élastiques; de l'emploi des ressorts dans les voitures; choc oblique; application au perfectionnement des machines; mesure de l'inertie. Étude du frottement. Glissage des fardeaux, rouleaux, roues de voitures, essieux; comparaison entre le roulage et le glissage. Calcul du frottement dans les machines; de l'influence des chemins sur le tirage des voitures. Notions relatives au mouvement des gros fardeaux. Exercices pratiques sur diverses machines de la ferme. Des machines en mouvement, de leurs parties élémentaires, de leurs dimensions; des parties qui servent à propager, transformer et modifier le mouvement. Calcul de l'effet des machines, du travail mécanique, de l'effet utile, de l'effet maximum. Des diverses unités connues en mécanique; du travail moteur, du travail résistant; moyen général de comparer les moteurs entre eux. Frein dynamétrique, manière de s'en servir. Des moteurs et de leurs ré-cepteurs, évaluation de son travail et de ses effets utiles. Comparaisons relatives aux diverses ma-nières de l'employer. Du dynamomètre du cheval et de ses récepteurs, évaluation de son travail et de ses effets utiles. Du travail mécanique des charrues; comparaisons relatives aux diverses ma-nières d'employer le cheval. Du transport des terres par hommes ou par chevaux. Du bœuf et de ses récepteurs. Du buffle, du mulet, de l'âne, etc., etc.; comparaison des moteurs animés entre eux. De l'eau et de ses récepteurs; presses hydrauliques; détermination de la vitesse des eaux courantes; de leur jaugeage, évaluation de leur pouvoir mécanique. Exercices pratiques. Écoulement de l'eau à travers les orifices; dé-pense de l'eau; prises d'eau; barrages, déver-soirs, pentes des canaux. Des roues hydrauliques, des turbines, du bélier hydraulique, machines à réaction; de la machine à colonne d'eau, du ba-lancier hydraulique chapelet; évaluation du tra-vail de ces diverses machines. De la vapeur d'eau et de ses récepteurs; considérations sur la force élastique de la vapeur d'eau. Histoire très-suc-cincte de la machine à vapeur, de son travail mécanique et de sa consommation en eau et en combustible. Du vent et de ses récepteurs, de la vitesse du vent, de son pouvoir mécanique; vo-

lants verticaux, volants horizontaux ; considérations théoriques et pratiques sur la conduite
des moulins à vent. Notions relatives à l'emploi
des ressorts et des poids comme moteurs dans les
machines. Tableau de la quantité du travail nécessaire pour produire certains effets utiles en
agriculture et en industrie.

Mécaniques usuelles, machines agricoles.

Des machines qui servent à la préparation
mécanique du sol et à l'enfouissement des graines ; araires, charrues, herses, rouleaux, rava-
les, ratissoires, étaupinières, houes à cheval,
semoirs, etc., etc.

Des machines et instruments de moisson et de
fenaison ; hache-paille, coupe-racine ; machines
pour écraser les avoines.

Du battage du blé ; épuration des graines et
moutures ; cribles, tarares, bluteaux et moulins,
râpes, machines à moudre et à perler les grains ;
moulins à drêche, moulins pour pulvériser
les os.

Pressoirs et machines pour l'extraction des
vins, des huiles et du sucre.

Beurrier ou batte à beurre.

Machines hydrauliques. Organes aptes à élever
l'eau. Élévation de l'eau par translation ; des

7

pompes, des machines à siphon. Machines hydrauliques employées aux besoins domestiques et aux travaux de l'agriculture. Puits et citernes, machines adaptées. Forage des puits dits artésiens; pompes à incendies. Épuisement des batardeaux, desséchement des marais; des irrigations.

SCIENCES PHYSIQUES ET CHIMIQUES APPLIQUÉES.

Physique.

Étude physique de l'air, de l'eau, et des agents de la nature, pesanteur, calorique, lumière, électricité, sous le rapport des modifications qu'ils font éprouver aux sols, et de leur influence sur la vie des êtres organisés.

Chimie minérale.

Étude des corps élémentaires les plus employés, et de leurs combinaisons; connaissances indispensables pour concevoir la composition des terres, pour se rendre compte des effets produits par les amendements et les engrais; pour comprendre la fabrication des produits agricoles et pouvoir apprécier les médicaments.

Chimie organique.

Étude des propriétés des substances végétales et animales; de la composition des parties solides et liquides des végétaux et des animaux; connaissances indispensables pour comprendre la physiologie et utiles pour l'extraction des produits du règne organique.

Minéralogie.

Étude des propriétés et des caractères distinctifs des minéraux les plus communs.

Géognosie.

Études des roches et de leurs associations; de leur disposition pour constituer tels ou tels terrains; indication des substances utiles qui s'y trouvent.

Technologie.

Fabrications diverses de charbon de bois, de chaux, de vins, d'huiles, de fécule, de sucre de betterave, etc., etc.

Amendements.

Classification des amendements. Examen des rapports qu'ont avec les principes des divers sols les amendements et les engrais que l'on y introduit : étude des modifications qu'ils y apportent.

SCIENCES PHYTOLOGIQUES.

BOTANIQUE OU PHYTOLOGIE.

Physique végétale.

Étude des organes végétaux sous le rapport de leur organisation ;
Organes simples et organes composés ; fonctions des organes, etc., etc.

Physiologie végétale.

Étude des fonctions organiques et des lois de la végétation ;
Applications culturales, etc., etc.

Phytographie.

Description et classification des plantes, etc.

Horticulture.

Marais, potager, fruitier, pépinières, verger, mûraie, olivette, oseraie, etc., etc.

Viticulture.

Établissement, entretien, et détails relatifs à cette branche de culture.

Silviculture.

Bois, forêts, plantations, pépinières, taillis, futaie.

Culture forestière, aménagements, exploitation.

Technologie forestière, ou emploi des divers produits en matière de bois.

ART VÉTÉRINAIRE.

Anatomie, physiologie et études de l'extérieur des animaux domestiques. L'art d'élever les bestiaux, leur hygiène, les soins qu'ils exigent quand ils sont malades, enfin les principes généraux de l'art du vétérinaire qui peuvent être utiles aux agriculteurs dans toutes les positions où ils peuvent se trouver placés.

COMPTABILITÉ AGRICOLE EN PARTIES DOUBLES.

Le cours de comptabilité est professé par M. Douflé, comptable de l'institut de Grignon.

Les élèves tiennent eux-mêmes leurs livres de comptabilité ; le professeur, de son côté, fait la rédaction des mêmes livres pour leur servir de comparaison et de rectification.

M. Douffé reçoit annuellement du conseil d'administration des témoignages de satisfaction sur son enseignement et sa comptabilité : M. Gouin, ministre de l'agriculture, a trouvé cette comptabilité si complète, qu'il l'a donnée comme modele à plusieurs établissements de même nature. Ces encouragements détermineront M. Douffé à faire paraître *un traité de comptabilité agricole* que son habitude de professer et sa pratique lui permettront de rendre clair et facile à comprendre pour tous, en même temps qu'il sera utile.

Economie rurale.

L'économie rurale appliquée à la production agricole et, par conséquent, l'étude de tout ce qu'on peut appeler *un capital*, ou *une accumulation de travail*. L'étude de toutes les circonstances morales, commerciales, industrielles, qui peuvent avoir une influence sur le service des capitaux utiles à l'agriculture.

La discussion de ces circonstances pour arriver à la meilleure disposition des capitaux, c'est-à-dire pour obtenir le maximum d'effet utile.

Agriculture.

Étude des divers agents qui doivent concourir à la production agricole, tant sous le point de vue physiologique que sous le point de vue économique.

Choix des moyens les plus convenables pour profiter des indications de la science économique et de la science physiologique.

Étude des diverses cultures à appliquer aux diverses plantes dans divers terrains, pour arriver à un but donné.

Étude des divers traitements auxquels il faut soumettre les animaux pour obtenir leur concours dans l'exploitation.

COURS D'AGRICULTURE PRATIQUE,

PROFESSÉ PAR M. PICHAT.

Étude spéciale des moyens d'exécution pour les diverses opérations.

L'instruction théorique étant destinée à former des chefs d'exploitation rurale, l'instruction pratique doit être dirigée dans le même sens.

Former le coup d'œil, diriger l'appréciation des faits matériels, donner de la hardiesse et de la justesse aux décisions, apprendre à voir, à ob-

server, exercer les yeux du jugement comme
ceux du corps, tel est le but principal de l'enseignement pratique.

Un chef d'exploitation rurale n'étant apprécié
de ses inférieurs qu'autant qu'il possède les connaissances de leur état, ce chef doit savoir mettre
la main à l'œuvre, et exécuter toutes les différentes opérations agricoles telles que semer, la-
bourer, herser, conduire les attelages, panser
les animaux, manier les instruments d'agriculture, vendre, acheter, etc., etc.

En résumé, l'instruction pratique a pour but
de former à la fois l'œil et la main, d'apprendre
à commander, à diriger et à exécuter.

A la fin de chaque semaine, le professeur con-
trôle le rapport que lui soumet l'élève de service:
il développe les opérations de la grande culture,
indique les observations à faire, les expériences à
constater, etc., etc.; il donne des détails sur le
pansage, le harnachement, la conduite des attelages, la pratique des labours, la direction et la
formation des planches de labours, la manière
d'endosser et de refendre un terrain, etc., etc.; il
parle du hersage et du règlement des différents
instruments. Il indique la manière de semer, les
rapports qui existent entre les pas, les poignées,
la largeur des tracés suivant les différentes semences, l'influence du vent, etc., etc.; il décrit le

jeu et les causes influentes des différents instruments d'agriculture sur tel ou tel procédé. Il
parle de la moisson, de la fauchaison, de la ren-
trée des récoltes, du chargement des voitures, du
nombre d'employés nécessaire pour ces différentes opérations. Il développe la théorie du par-
cage, il professe l'éducation des vers à soie, et il
fait en sorte que chaque enseignement tombe à
l'époque de l'opération.

Un champ de quatre hectares est consacré spécialement aux exercices manuels des élèves ; eux
seuls y travaillent et y cultivent les plantes qui
ne font point partie de la grande culture ; ils y
font des expériences sur différents modes de préparation, d'engrais ou d'amendement. (Pour
plus de détails, voir l'organisation des services
pratiques dans les *annales*.)

Législation rurale.

Étude des servitudes. Ventes. Baux. Associations rurales. Valeurs des titres. Différentes
lois et ordonnances éparses en matière d'administration rurale et forestière. Procédure devant
la justice de paix. Police rurale. Organisation
municipale. Formulaire des actes les plus ordinaires dans les campagnes.

Construction rurale.

Étude des matériaux pour les constructions que le cultivateur peut avoir besoin d'exécuter.

Étude de la construction proprement dite et devis.

(Terrasse, maçonnerie, charpente et couverture, menuiserie, peinture et vitrerie, forge et serrurerie, etc., etc.)

Étude de la disposition la plus convenable à donner aux bâtiments et aux autres constructions.

Étude de la construction des divers instruments et machines aratoires.

COURS D'HYGIÈNE ET DE MÉDECINE DOMESTIQUE HUMAINE APPROPRIÉ AUX BESOINS DES AGRICULTEURS.

PROFESSEUR, LE DOCTEUR DESCIEUX.

Ce cours a pour but de donner aux élèves l'instruction hygiénique et médicale qui sera nécessaire pour eux et pour les personnes avec lesquelles ils sont destinés à vivre. Cette espèce d'instruction, limitée par leurs besoins, doit être néanmoins aussi étendue que le permettent les connaissances scientifiques qu'ils ont acquises

par leurs études agricoles. Les élèves ne suivent
ce cours que pendant le dernier semestre de leur
séjour à l'école, alors qu'ils y ont été en quelque
sorte préparés par l'étude des sciences physiques
et naturelles, de l'anatomie, de la physiologie,
de l'hygiène et de la médecine des animaux domestiques. Le professeur, par l'exercice de la médecine dans une contrée principalement agricole,
ayant acquis la connaissance des besoins futurs
de ses élèves et des fâcheux résultats que présentent les erreurs en hygiène et les préjugés en médecine, a senti de quelle nature devait être ce
double enseignement : c'est en prenant à la fois
pour base les besoins des élèves et leurs dispositions à acquérir cette instruction, que le programme a été rédigé.

Il n'est pas nécessaire de l'exposer ici en entier;
mais, pour en faire comprendre l'utilité, nous
dirons que le cours commence par quelques
leçons d'anatomie et de physiologie humaines,
faites à l'aide des pièces anatomiques du docteur
Auzou. L'instruction donnée par le professeur de
l'art vétérinaire dispose les élèves à comprendre
les explications hygiéniques et médicales élémentaires qui leur sont données pendant le cours.
Après cette espèce d'initiation médicale commence le cours d'hygiène. Le professeur suit un
ordre physiologique et fait successivement

l'hygiène de toutes les fonctions, en observant toujours de ne parler que de ce qui concerne plus particulièrement les agriculteurs de toutes les classes. Après l'étude hygiénique de chacune des fonctions, quelques notions médicales sont données sur les maladies des organes qui les exécutent ; ces notions sont bornées à ce qui est utile et à ce que les élèves peuvent concevoir facilement. Un médecin praticien a trop l'expérience des inconvénients des demi-connaissances en médecine, pour n'en pas préserver son auditoire : le professeur s'applique à mettre ses élèves en état de rendre service dans quelques circonstances, sans les exposer à être jamais nuisibles.

Quelques détails sur la manière dont sont traitées certaines parties de ce cours en feront mieux connaître l'utilité.

En parlant de l'hygiène du tube digestif, on indique ce que l'on entend par aliment, le but de l'alimentation, les différences que présentent les divers aliments sous les rapports de leurs propriétés nutritives et digestives ; on fait connaître les différentes et les meilleures préparations des aliments, les moyens de les conserver, les falsifications qu'ils subissent dans le commerce et comment on peut distinguer la fraude ; la même instruction est donnée pour les assaisonnements et les boissons : puis, à l'occasion des soins et du régime qu'exigent les organes digestifs pour être tenus dans leur état normal, on dit de quel danger sont les médicaments vantés par le charlatanisme et principalement les purgatifs ; on combat fortement les erreurs et les préjugés populaires qui règnent à l'occasion de l'hygiène et des maladies de ces organes, puis on termine par les secours à donner aux empoisonnés ; ceux à donner aux asphyxiés se trouvent naturellement placés après l'hygiène et les maladies des organes de la respiration.

A propos de l'hygiène des fonctions du cerveau, le professeur fait remarquer que cette science ne consiste pas seulement à apprendre à bien diriger l'action des agents physiques avec lesquels notre corps est en rapport, elle a une plus grande portée, elle apprend aussi l'importance, pour notre santé et notre bonheur, d'une bonne direction de nos facultés intellectuelles et morales ; elle indique les moyens de développer les premières par l'étude, et les secondes par une grande surveillance sur nos passions. En effet, si, pour conserver sa santé, il est indispensable d'alimenter son corps et de le placer dans des conditions physiques favorables, il ne l'est pas moins de cultiver son intelligence pour acquérir ou conserver une position sociale, et de nourrir son âme de principes d'honneur et de moralité pour mériter la considération.

Toute l'instruction que reçoivent les élèves de Grignon est propre à détruire les préjugés agricoles ; celle qu'ils reçoivent dans ce cours doit leur faire exercer une grande influence sur les habitants des campagnes par rapport à l'hygiène et à la médecine domestiques.

NOTE SUR L'ÉTABLISSEMENT
DE L'ÉCOLE D'AGRICULTURE,

par M. le professeur CAILLAT, principal de l'École.

L'institution agronomique de Grignon fut fondée en 1827.

On ne créa l'école que trois ans après l'organisation de la ferme, afin de pouvoir présenter aux jeunes gens admis comme élèves des moyens d'instruction pratique et des sujets d'observation assez nombreux, assez variés. Les premières années, il ne se présenta que quelques élèves, six ou huit, puis douze ; en 1833, le nombre monta à vingt. Six professeurs seulement étaient alors chargés de l'instruction. Ce fut à cette époque que les cours furent organisés et faits d'une manière plus régulière. L'école arriva promptement au nombre de 35 à 40 élèves, et, après y être restée quelque temps, elle parvint rapidement au nombre de 60 ; ce fut en 1836. Depuis cet instant, sa prospérité n'a plus été douteuse ; elle a augmenté successivement et est arrivée, dans ces dernières années, au nombre de 80, auquel elle paraît devoir se soutenir.

L'accroissement du nombre des auditeurs nécessitait plus de moyens d'instruction ; aussi de nouveaux cours furent créés, et la partie théorique comme la partie pratique de l'enseignement prirent du développement. Il existe actuellement neuf professeurs et deux répétiteurs. Un champ de cinq hectares et deux attelages avec des instruments, des semences, etc., sont spécialement consacrés aux élèves pour leurs exercices pratiques. Des collections de diverses substances minérales et organiques sont utilisées en culture, des modèles d'instruments et de constructions s'établissent, des excursions au dehors de l'institution sont fixées et faites par les élèves sous la direction des professeurs spéciaux, surtout pour visiter les différents sols, les cultures diverses, les forêts, les marchés, les usines et fabriques des environs de la capitale. Enfin, depuis quelques années, un diplôme est institué ; pour l'obtenir, l'élève doit avoir suivi avec fruit tous les cours de l'institution pendant deux années consécutives et avoir subi tous les

examens : mais ces simples formalités ne pouvaient suffire, il lui faut justifier que son application et son assiduité ont eu un résultat; il doit
prouver qu'à des connaissances positives dans les
sciences et les procédés de l'art il saurait join-
dre, dans l'exécution, cet esprit de prévision et
ce jugement sans lesquels on ne peut réussir,
surtout en agriculture. Or l'étude raisonnée
d'un projet de culture hypothétique et la discussion publique des moyens employés pour l'é-
tablir ont paru devoir mettre le candidat en position de donner des preuves suffisantes de sa
capacité.

A cet effet, les professeurs se réunissent pour
tracer la description d'un domaine, sa situation
géographique, son exposition générale et spéciale;
ils y joignent des données sur la position géolo-
gique, sur la composition des terres et de leur
sous-sol, sur les végétaux spontanés du sol, sur
la configuration générale et l'étendue des terres,
la direction et la pente des chemins et des eaux,
la division en terres labourables, prés, bois, vi-
gnes, vergers, pâturages, etc., etc., les procédés
en usage dans le pays, les influences de la localité
sur la santé des animaux, la culture précédente,
l'état et les productions des terres, l'époque de
l'entrée en jouissance, les fumiers, pailles et foins
laissés par le précédent cultivateur, et le capital

à employer; enfin une esquisse statistique sur le commerce de la contrée, les mœurs des habitants, le prix des denrées et celui de la main-d'œuvre, les spéculations habituelles sur les divers animaux, les marchés, leur distance et les grandes communications.

Sur cette description, l'élève forme dans le cabinet un plan raisonné et détaillé de culture, qu'il appuie par des budgets probables de recettes et dépenses; ensuite, en présence de tous ses condisciples, il doit développer ses idées, les discuter, en montrer au moins la probabilité. Cet examen et les questions, sont, pour ainsi dire, la récapitulation de toutes les matières de l'enseignement : s'il en résulte que l'élève les possède à un degré suffisant et paraisse capable de les appliquer avec bon sens, le diplôme lui est délivré; mais si les détails sont invraisemblables, l'ensemble faux, il est ajourné ou rejeté.

Pour établir à cet égard un jugement impartial et en concordance avec le but que se propose l'éducation agricole, les professeurs ont classé chaque science, suivant le degré d'importance qu'elle présente en agriculture, et le vote du professeur qui l'enseigne est dans une proportion numérique avec cette importance.

Depuis la création de l'école, 364 élèves y ont été admis. Parmi eux, 30 seulement jusqu'à ce

jour ont obtenu le diplôme. Ce nombre doit paraître peu considérable; toutefois il ne doit pas
faire porter un jugement défavorable sur les études, ni faire penser que les élèves profitent peu
de l'instruction. Ce petit nombre d'élus doit
plutôt prouver que le diplôme ne s'accorde pas
trop facilement et qu'il faut que l'élève soit réellement capable pour l'obtenir ; en outre, il convient de dire que ce nombre est ainsi restreint,
parce que, dans les premières années, peu d'é-
lèves restaient deux ans à l'école pour suivre les
cours. Parmi ceux qui consacraient ce laps de
temps pour compléter leur instruction, plusieurs
sortaient sans chercher à obtenir le diplôme,
soit parce qu'ils ne sentaient pas le besoin de
cette marque de distinction, soit parce qu'ils ne
comprenaient pas l'utilité et l'importance du
travail préalable auquel il faut se livrer pour
soutenir une semblable thèse; d'autres ne se
croyaient pas assez forts pour tenter l'événement.
Enfin il arrivait que, parmi ceux qui se livraient
à l'étude d'un plan de culture, plusieurs ne
réussissaient pas (1).

(1) Note de l'auteur : « A ces différentes raisons données par
« M. le professeur Caillat, pour expliquer pourquoi, sur 364 élè-
« ves, 30 seulement ont obtenu le diplôme, j'ajouterai une raison
« plus puissante que celles indiquées précédemment. Dès l'ori-
« gine de l'école, le but principal était de former des agriculteurs

Conclusion.

Quand on sait quelle est l'étendue des connaissances indispensables pour former un agriculteur complet, on doit comprendre ce que je me suis efforcé de faire concevoir : 1° que la réunion de ces connaissances à une instruction agricole pratique ainsi perfectionnée doit former des sujets appelés à rendre de grands services à la société en améliorant et propageant la culture;

« praticiens ; des fils de fermiers et des jeunes gens, dont l'instruc-
« tion première était insuffisante, se sont présentés et n'ont pu
« profiter des cours de l'institut , qui , à mesure qu'il a pris du
« développement, est devenu plus scientifique, c'est-à-dire qu'il a
« plus emprunté aux sciences pour éclairer l'agriculture. L'expé-
« rience a d'ailleurs appris que les fils de cultivateurs, compre-
« nant difficilement l'utilité des sciences appliquées à la culture,
« s'en occupaient peu et se mettaient rarement en état de faire le
« plan exigé pour obtenir le diplôme, qui n'a été donné principa-
« lement qu'à des élèves dont l'entrée à l'école avait été précédée
« de bonnes études ; parmi ces derniers, on en compte 19 qui
« sont aujourd'hui directeurs de fermes-modèles ou professeurs.
« C'est en ayant égard à ces faits que, pour l'admission, on exige
« aujourd'hui des notions élémentaires de mathématiques et de
« physique. Plus l'instruction agricole sera élevée et difficile
« à acquérir, plus on demandera des garanties de capacité : les
« connaissances déjà acquises peuvent seules en donner. — Ces
« observations ajoutent à ce que j'ai dit dans le cours de mon ou-
« vrage, pour prouver qu'il est indispensable qu'une instruction
« spéciale soit mise à la portée des différentes classes d'agri-
« culteurs. »

2° qu'une bonne instruction préalable et spéciale est indispensable pour comprendre, pour profiter d'un enseignement qui prend à la plupart des sciences et des arts ce qu'ils ont d'applicable à l'agriculture ; 3° que la science agricole aussi avancée n'est pas à la portée des cultivateurs praticiens ; 4° que cette science complète ne leur est pas indispensable pour exercer dans une contrée déterminée.

De ces propositions incontestables, puisqu'elles résultent de faits qu'on ne peut nier, je conclus que le seul moyen de faire faire à l'agriculture tous les progrès dont elle est susceptible, quand elle possédera des hommes réunissant la science à l'expérience, consiste essentiellement à créer une école supérieure agronomique ; et, pour que cette science soit propagée et pratiquée, il est inpensable de multiplier des écoles secondaires qui, sous le nom de fermes-modèles, donneraient, dans chaque localité, une instruction théorique et pratique qui, par son peu d'étendue et sa simplicité, serait à la portée de tous ceux qui s'occupent de travaux agricoles.

FIN.